Vigilancia, transporte y distribución de objetos valiosos o peligrosos y explosivos

Juan Manuel Méndez Pérez

ic editorial

Vigilancia, transporte y distribución de objetos valiosos o peligrosos y explosivos
© Juan Manuel Méndez Pérez
© de la imagen de cubiertas: Cylonphoto / Shutterstock.com

Colaborador: Francisco Alfonso Izquierdo Carrasco

1ª Edición

© IC Editorial, 2024

Editado por: IC Editorial
c/ Cueva de Viera, 2, Local 3
Centro Negocios CADI
29200 Antequera (Málaga)
Teléfono: 952 70 60 04
Fax: 952 84 55 03
Correo electrónico: iceditorial@iceditorial.com
Internet: www.iceditorial.com

ISBN: 978-84-1184-364-5
Depósito Legal: MA-2183-2024

Impresión: PODiPrint
Impreso en Andalucía – España

Nota de la editorial: IC Editorial pertenece a Innovación y Cualificación S. L.

Presentación del manual

El **Certificado de Profesionalidad** es el instrumento de acreditación, en el ámbito de la Administración laboral, de las cualificaciones profesionales del Catálogo Nacional de Cualificaciones Profesionales adquiridas a través de procesos formativos o del proceso de reconocimiento de la experiencia laboral y de vías no formales de formación.

El elemento mínimo acreditable es la **Unidad de Competencia.** La suma de las acreditaciones de las unidades de competencia conforma la acreditación de la competencia general.

Una **Unidad de Competencia** se define como una agrupación de tareas productivas específica que realiza el profesional. Las diferentes unidades de competencia de un certificado de profesionalidad conforman la **Competencia General,** definiendo el conjunto de conocimientos y capacidades que permiten el ejercicio de una actividad profesional determinada.

Cada **Unidad de Competencia** lleva asociado un **Módulo Formativo,** donde se describe la formación necesaria para adquirir esa **Unidad de Competencia,** pudiendo dividirse en **Unidades Formativas.**

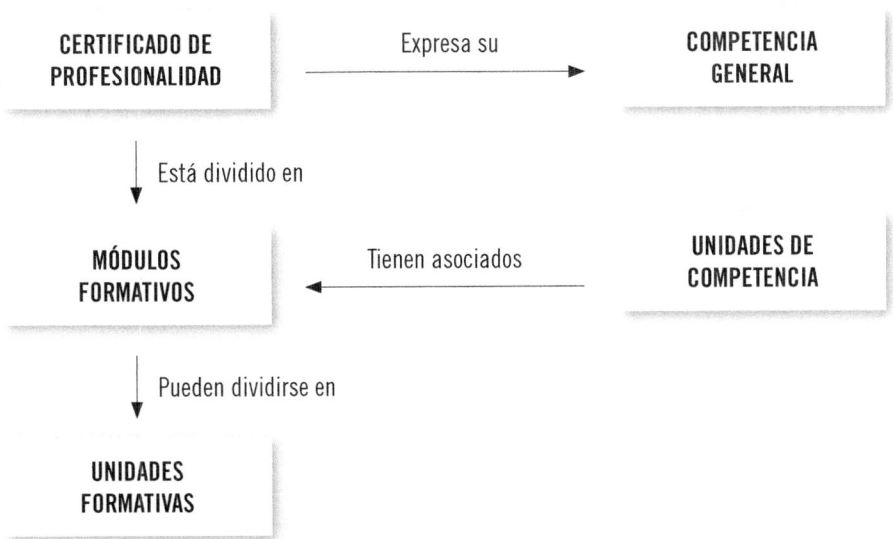

El presente manual desarrolla el Módulo Formativo **MF0082_2: Vigilancia, transporte y distribución de objetos valiosos o peligrosos y explosivos,**

asociado a la unidad de competencia **UC0082_2: Proteger el almacenamiento, manipulación y transporte de objetos valiosos o peligrosos y explosivos,**

del Certificado de Profesionalidad **Vigilancia, seguridad privada y protección de explosivos.**

MF0082_2 **Vigilancia, transporte y distribución de objetos valiosos o peligrosos y explosivos**	Tiene asociado el	**UNIDAD DE COMPETENCIA** **UC0082_2** Proteger el almacenamiento, manipulación y transporte de objetos valiosos o peligrosos y explosivos

FICHA DE CERTIFICADO DE PROFESIONALIDAD

(SEAD0212) VIGILANCIA, SEGURIDAD PRIVADA Y PROTECCIÓN DE EXPLOSIVOS (R. D. 548/2014, de 27 de junio)

COMPETENCIA GENERAL: Vigilar y proteger a las personas y sus bienes, evitando la comisión de delitos e infracciones, en un entorno definido.

Cualificación profesional de referencia		Unidades de competencia	Ocupaciones o puestos de trabajo relacionados
SEA029_2 VIGILANCIA Y SEGURIDAD PRIVADA (R. D. 295/2004, de 20 de febrero de 2004)	UC0080_2	Vigilar y proteger bienes y personas evitando la comisión de delitos e infracciones.	▪ 5941.1028 Vigilantes de Seguridad. ▪ 5941.1037 Vigilantes de Seguridad de Explosivos. ▪ 3201.1032 Vigilantes de minas. ▪ Centrales de producción de energía (nucleares, térmicas, etc.). ▪ Control de equipajes de pasajeros en aeropuertos y estaciones de trenes, autobuses, estaciones marítimas, etc. ▪ Transporte de fondos (dinero, valores y objetos valiosos y peligrosos). ▪ Depósito de Explosivos, traslado a canteras, etc.
	UC0082_2	Proteger el almacenamiento, manipulación y transporte de objetos valiosos o peligrosos y explosivos.	

Correspondencia con el Catálogo Modular de Formación Profesional

Módulos certificado	Unidades formativas	Horas
MF0080_2: Vigilancia y protección en Seguridad Privada	UF2672: Aspectos jurídicos en el desarrollo de las funciones del personal de seguridad	90
	UF2673: Psicología aplicada a la protección de personas y bienes	30
	UF2674: Técnicas y procedimientos profesionales en la protección de personas, instalaciones y bienes	90
	UF2675: Medios de protección y armamento	40
MF0082_2: Vigilancia, transporte y distribución de objetos valiosos o peligrosos y explosivos		60
MP0558: Módulo de prácticas profesionales no laborales		40

Índice

Capítulo 4
Clasificación de los explosivos y medidas de seguridad

Capítulo 1
Aspectos jurídicos

Contenido

1. Introducción

El futuro ejercicio de forma competente de cualquier profesión exige del aspirante, al igual que de quien ya forma parte de la misma desempeñándola, un conocimiento exhaustivo de conceptos tanto básicos como especializados en su materia.

Así, siendo importante el conocimiento técnico que el futuro profesional, especializado o no, ha de adquirir a fin de poder acreditar, en su momento, que está en posesión de todos los requisitos exigidos para obtener la correspondiente habilitación, no puede olvidarse que la finalidad de dicho conocimiento excede, sin embargo, la mera demostración que en ese concreto momento se habrá de hacer, debiendo permanecer para su puesta en práctica durante el desempeño de las funciones propias, en este caso, del personal de seguridad privada.

El presente capítulo tiene como objetivo primordial que el futuro vigilante de seguridad de explosivos adquiera no solo ese conocimiento básico y técnico especializado, sino, más aún, la conciencia de que la obligación de observar estrictas normas de seguridad -impuestas de modo obligatorio por normas jurídicas- será además una garantía inestimable que le permita evitar, o cuando menos disminuir, los riesgos surgidos en un entorno de protección de material explosivo.

En los diferentes apartados se expondrán tanto los requisitos exigidos legal y reglamentariamente para obtener la habilitación correspondiente de vigilante de seguridad de explosivos, como las normas y disposiciones que el ordenamiento jurídico español consagra de manera específica para describir cuáles son las funciones propias de este profesional y el modo en que debe desarrollarlas, garantizando con ello la seguridad pretendida.

Finalmente, se expondrá en el último apartado la regulación que el Código Penal vigente contiene sobre el delito de tenencia ilícita de explosivos y se explicará con detalle el modo de comisión de este acto criminal, así como las consecuencias legalmente previstas para tal supuesto.

2. El vigilante de seguridad de explosivos: naturaleza. Funciones a desempeñar

Las funciones de vigilancia de explosivos constituyen, como a continuación se verá, una especialidad dentro de las genéricas propias de los vigilantes de seguridad.

No obstante, dado que el concepto del que se tratará ampliamente a continuación contiene el término "explosivos", será necesario acudir a la normativa sectorial de aplicación que permite definir propiamente lo que haya de entenderse por "explosivo". Así, el Reglamento de Explosivos, aprobado por el Real Decreto 130/2017, de 24 de febrero, establece en su artículo 4 lo siguiente:

Artículo 4.9

A los efectos de este reglamento, se entenderá por:

(...)

9. Explosivos: materias y objetos considerados explosivos por las Recomendaciones de las Naciones Unidas relativas al transporte de mercancías peligrosas y que figuran en la clase 1 de dichas Recomendaciones. Pueden ser:

> *a. Materias explosivas: materias sólidas o líquidas (o mezcla de materias) que por reacción química puedan emitir gases a temperatura, presión y velocidad tales que puedan originar efectos físicos que afecten a su entorno.*

> *b. Objetos explosivos: objetos que contengan una o varias materias explosivas.*

Artículo 4.24

A los efectos de este reglamento, se entenderá por:

(...)

24. Seguridad ciudadana: conjunto de medidas que deben aplicarse para proteger el libre ejercicio de los derechos y libertades, crear y mantener las condiciones adecuadas al efecto, y remover los obstáculos que lo impidan, evitando cualquier ilícito penal o administrativo que tenga por objeto las materias reglamentadas, los establecimientos relacionados con aquellos o los medios de transporte en que sean desplazados.

En el artículo 1 del Reglamento de explosivos se indican las **materias que quedan excluidas de su ámbito de aplicación,** al regularse estas por su normativa específica. Estas son:

(...)

c) Los artículos pirotécnicos y cartuchería incluidos en el ámbito de aplicación del Reglamento de artículos pirotécnicos y cartuchería, aprobado por Real Decreto 989/2015, de 30 de octubre.

d) Las materias que en sí mismas no sean explosivas, pero que puedan formar mezclas explosivas de líquidos, gases, vapores o polvos, y los artículos que contengan materias explosivas o mezclas explosivas de materias en cantidad tan pequeña, o de tal naturaleza, que su iniciación por inadvertencia o accidente no implique ninguna manifestación exterior en el artefacto que pudiera traducirse en proyecciones, incendio, desprendimiento de humo, calor o fuerte ruido.

2.1. El vigilante de seguridad de explosivos: naturaleza

La figura del vigilante de explosivos adquiere, en este contexto, una naturaleza propia y específica como también la tienen las funciones que, de acuerdo con la Ley y el Reglamento de Seguridad Privada, y el resto de la normativa concordante que más adelante se estudiará, le corresponde desempeñar.

Para concretar la naturaleza de la figura del vigilante de seguridad de explosivos hay que remitirse a la normativa de aplicación, ya que es esta la que la define. Esto requiere necesariamente, y de forma previa, la cita de algunos preceptos de la Ley 5/2014, de 4 de abril, de Seguridad Privada (en adelante, LSP) y de su reglamento.

 Para saber más

Puedes acceder a la Ley de Seguridad privada y su Reglamento, desde aquí:

I Ley 5/2014, de 4 de abril, de Seguridad Privada ((https://www.boe.es/buscar/act.php?id=BOE-A-2014-3649))
I Reglamento de Seguridad Privada ((https://www.boe.es/buscar/act.php?id=BOE-A-1995-608))

Normativa legal y reglamentaria

El artículo 5.1, apartados c), d) y e) de la LSP, regula, en general, las actividades que se entienden incluidas en el concepto genérico de "actividades de seguridad". Entre ellas se recogen las siguientes:

> c. *El depósito, custodia, recuento y clasificación de monedas y billetes, títulos-valores, joyas, metales preciosos, antigüedades, obras de arte u otros objetos que, por su valor económico, histórico o cultural, y expectativas que generen, puedan requerir vigilancia y protección especial.*
>
> d. *El depósito y custodia de explosivos, armas, cartuchería metálica, sustancia, materias, mercancías y cualesquiera objetos que por su peligrosidad precisen de vigilancia y protección especial. (...)*
>
> e. *El transporte y distribución de los objetos a que se refieren los dos párrafos anteriores.*

De modo concordante con estos preceptos legales, el vigente Reglamento de Seguridad Privada, aprobado por Real Decreto 2364/1994, de 9 de diciembre (en adelante, RSP), en relación con la materia que aquí se trata, dispone en su artículo 1 [apartados 1.c) y d)] y 2, que las empresas de seguridad podrán desarrollar no solo actividades de depósito, custodia, recuento y clasificación de objetos que, por su peligrosidad, puedan requerir protección especial, sino también las de transporte y distribución de tales objetos. Se entienden, por tanto, incluidos dentro de estas actividades la custodia, transporte y distribución de explosivos, sin perjuicio de las actividades propias de las empresas fabricantes, comercializadoras y consumidores de tales productos.

Por otro lado, la detonación de explosivos deberá ser llevada a cabo exclusivamente por profesionales en la materia.

 **Importante**

Un reglamento es una disposición de carácter general que, en ocasiones, se dicta en desarrollo de una norma de rango legal, de una ley. El Reglamento de Seguridad Privada fue aprobado en el año 1994 en desarrollo de la antigua Ley de Seguridad Privada de 1992 que, sin embargo, fue derogada por la actualmente vigente, del año 2014. Aun siendo, pues, anterior a esta ley, el Reglamento de 1994 conservará su vigencia en cuanto no se oponga a la nueva Ley de Seguridad Privada de 2014, y hasta que se apruebe el nuevo Reglamento. Así lo establece la Disposición Derogatoria Única de la vigente Ley de 2014.

Conforme al artículo 14.2 del RSP, estas últimas actividades citadas (el transporte y distribución de explosivos) deberán realizarse siempre con las debidas garantías de seguridad y reserva, especialmente en lo que respecta a su programación y a su itinerario, y en todo caso en vehículos cuyas características se determinarán por el ministerio competente, teniendo en cuenta lo dispuesto en el Reglamento de Transporte de Mercancías Peligrosas, para este material.

Dentro de las empresas de seguridad, las actividades a las que se ha hecho referencia se desarrollarán por los vigilantes de explosivos y sustancias peligrosas. Este personal, a efectos de formación y habilitación, se considerará como una especialidad dentro de los vigilantes de seguridad y, por este motivo, le serán de aplicación a los vigilantes de explosivos todos los preceptos legales y reglamentarios que se apliquen, con carácter general, a los vigilantes de seguridad, así como los demás específicos, a los que se irá haciendo cumplida referencia en el desarrollo del presente apartado.

En particular, la **Ley de Seguridad Privada** señala en su artículo 32.3 que corresponde a los vigilantes de explosivos la función de protección del almacenamiento, transporte y demás procesos inherentes a la ejecución de estos servicios, en relación con explosivos u otros objetos o sustancias peligrosas que reglamentariamente se determinen, añadiendo que se aplicará a aquellos lo establecido para los vigilantes de seguridad en cuanto a uniformidad, armamento y prestación del servicio.

Lo dispuesto en este artículo 32.3 citado debe entenderse complementado con lo que se establece en el artículo 70.2 del **Reglamento de Seguridad Privada** que, con carácter general, establece una incompatibilidad en el ejercicio de las funciones de vigilante de explosivos con cualquier otra propia del personal de seguridad privada, aun cuando el interesado contase con una habilitación múltiple.

Actividades

1. ¿Qué garantías de seguridad deberán observarse en el transporte de explosivos, según el artículo 14.2 del Reglamento de Seguridad Privada?
2. ¿Qué funciones corresponden a los vigilantes de seguridad de explosivos de acuerdo con el artículo 32.2 de la Ley de Seguridad Privada, y qué incompatibilidades presenta el ejercicio de esta profesión según el Reglamento de Seguridad Privada?

Habilitación del vigilante de explosivos

Conforme a lo establecido en la Ley de Seguridad Privada (artículo 28.1) para la obtención de las habilitaciones profesionales como personal de seguridad privada, los aspirantes habrán de reunir los siguientes **requisitos generales:**

a. Tener la nacionalidad de alguno de los Estados miembros de la Unión Europea o de un Estado firmante en el Acuerdo sobre el Espacio Económico Europeo, o ser nacional de un tercer Estado que tenga suscrito con España un convenio internacional en el que cada parte reconozca el acceso al ejercicio de estas actividades a los nacionales de la otra.
b. Ser mayor de edad.
c. Poseer la capacidad física y la aptitud psicológica necesarias para el ejercicio de las funciones.
d. Estar en posesión de la formación previa requerida en el artículo 29, al que se hará referencia a continuación.
e. Carecer de antecedentes penales por delitos dolosos.
f. No haber sido sancionado en los dos o cuatro años anteriores por infracción grave o muy grave, respectivamente, en materia de seguridad privada.

g. No haber sido separado del servicio en las Fuerzas y Cuerpos de Seguridad o en las Fuerzas Armadas españolas o del país de su nacionalidad o procedencia en los dos años anteriores.

h. No haber sido condenado por intromisión ilegítima en el ámbito de protección del derecho al honor, a la intimidad personal y familiar o a la propia imagen, vulneración del secreto de las comunicaciones o de otros derechos fundamentales en los cinco años anteriores a la solicitud.

i. Superar, en su caso, las pruebas de comprobación que reglamentariamente establezca el Ministerio del Interior, que acrediten los conocimientos y la capacidad necesarios para el ejercicio de sus funciones.

Además de estos requisitos generales, el personal de seguridad privada habrá de reunir, para su habilitación, los requisitos específicos que reglamentariamente se determinen en atención a las funciones que haya de desempeñar.

Concretamente, en relación con los **requisitos específicos** para la obtención de la habilitación como vigilante de explosivos, habrá de tenerse presente que esta es una especialidad dentro de la genérica de vigilante de seguridad, por lo que el aspirante deberá contar con esta habilitación previa. Así se deriva de lo dispuesto en el artículo 26 de la LSP cuando, en su apartado 2, dispone que: *para habilitarse como vigilante de explosivos será necesario haber obtenido previamente la habilitación como vigilante de seguridad.*

Contando ya con dicha habilitación general, establece el artículo 29.1.a) de la LSP que la formación de los vigilantes de explosivos consistirá en la obtención según el ministerio competente de:

- La certificación acreditativa correspondiente, expedida por un centro de la formación de personal de seguridad privada que haya presentado la declaración responsable.
- Los certificados de profesionalidad de vigilancia y seguridad privada.
- El título de formación profesional.

Nota

En los dos últimos casos no se exigirá la prueba de comprobación de conocimientos y capacidad establecida de forma ministerial.

La **programación** para esta formación previa y especializada incluirá en los contenidos **materias específicas de respeto a la diversidad e igualdad de trato y no discriminación.** En tanto no se elaboren, pues, estos programas de formación especializada a los que se remite la Ley de Seguridad Privada de 2014, regirán en este ámbito lo dispuesto en la Resolución, de 12 de noviembre de 2012, de la Secretaría de Estado de Seguridad, por la que se determinan los Programas de Formación del Personal de Seguridad Privada.

Aplicación práctica

Dos amigos, analizando su futuro profesional, deciden que quieren habilitarse como vigilantes de explosivos. Ambos trabajan en una mina y no les entusiasma demasiado trabajar bajo tierra.

Analizando los requisitos para la habilitación comprueban lo siguiente:

I Ambos son de nacionalidad española, mayores de edad y con capacidades y aptitudes normales.
I Carecen de antecedentes penales y no han sido sancionados en materia de seguridad.
I No han sido separados de las Fuerzas y Cuerpos de Seguridad ni de las Fuerzas Armadas.
I No han sido condenados por vulnerar ningún derecho fundamental.

¿Qué otro u otros requisitos les harán falta a estos amigos para habilitarse como vigilantes de explosivos?

Continúa en página siguiente >>

<< Viene de página anterior

SOLUCIÓN

El primer requisito que les hace falta es, como indica el artículo 26 de la Ley de Seguridad Privada, que hayan obtenido previamente la habilitación de vigilante de seguridad.

El segundo requisito, después de haber cumplido el primero y como indica el artículo 29.1.a) de la Ley de Seguridad Privada, es la obtención de la certificación acreditativa correspondiente expedida por un centro de formación de seguridad privada, un certificado de profesionalidad de vigilancia y seguridad privada o del título de formación profesional, todos ellos específicos para vigilantes de explosivos. En el caso del primero se exigirá la prueba de comprobación de conocimientos y capacidad establecida de forma ministerial.

Junto a lo hasta aquí expuesto, debe considerarse igualmente que el vigilante de seguridad de explosivos prestará siempre el servicio correspondiente uniformado y ostentando el distintivo del cargo, y portando los medios de defensa reglamentarios que, con carácter general, no incluirán armas de fuego. No obstante, cuando el vigilante de explosivos desarrolle funciones de vigilancia y protección de fábricas y depósitos o transporte de explosivos (artículo 40.1.b) de la LSP), el servicio correspondiente se prestará con arma de fuego por lo que deberá este profesional contar con la correspondiente autorización administrativa, esto es, la **licencia de armas tipo C.**

 Nota

Según el artículo 96.4.b) del Reglamento de Armas, aprobado por Real Decreto 137/1993, de 29 de enero, la licencia tipo C será precisa para portar armas de dotación del personal de vigilancia y seguridad privada.

Conforme a lo dispuesto en los artículos 97.1 y 122 del Reglamento de Armas, para la obtención de esta licencia será preciso presentar la correspondiente solicitud, a través de la empresa u organismo, en las Intervenciones de Armas de la Guardia Civil correspondientes al domicilio del interesado. Se presentará la solicitud conforme al modelo oficial correspondiente y a la misma se acompañarán los **documentos** siguientes:

1. Certificado de aptitudes psicofísicas.
2. Certificado de antecedentes penales o, en su caso, autorización del interesado para la consulta de sus datos en los archivos de la Administración (Registro Central de Penados y Rebeldes).
3. Certificado de antecedentes sobre violencia de género o, en su caso, autorización del interesado para la consulta de sus datos en los archivos de la Administración (Registro Central para la Protección de las Víctimas de Violencia de Género).
4. Certificado o informe de su superior jerárquico o de la empresa, entidad u organismo en que preste sus servicios, en el que se haga constar que tiene asignado el cometido para el que solicita la licencia, y localidad donde lo ha de desempeñar.
5. Fotocopia del DNI o, en su caso, autorización del interesado para la consulta de sus datos en los archivos de la Administración (Sistema de Verificación de Datos y Residencia).
6. Fotocopia del documento acreditativo de la habilitación del interesado para el ejercicio de funciones de seguridad.
7. Justificante de haber pagado la tasa correspondiente para la expedición de la licencia.
8. Declaración del solicitante, con la conformidad del jefe, autoridad o superior de quien inmediatamente dependa, de no hallarse sujeto a procedimiento penal o a procedimiento disciplinario.
9. Carta de solicitud para tomar parte en las pruebas para la obtención de la licencia de armas tipo C.

Los dos últimos requisitos citados, solo son exigibles cuando se presente la solicitud de licencia por primera vez.

Hay que precisar que las armas que ampara esta licencia solo podrán emplearse en los servicios de seguridad o para el desarrollo de las funciones para los que se hubiese concedido la licencia.

Las licencias de armas tipo C tendrán validez exclusivamente durante el tiempo de prestación del servicio de seguridad determinante de su concesión y carecerán de dicha validez cuando sus titulares se encuentren fuera de servicio. Quedarán, además, sin efecto automáticamente al cesar aquellos en el desempeño de las funciones o cargos en razón de los cuales les fueron concedidas, cualquiera que fuera la causa del cese. No obstante, cuando se tratase de un cese temporal, si el titular de la licencia hubiese de ocupar de nuevo un puesto de trabajo de la misma naturaleza, le será devuelta su licencia de uso de armas cuando presente el certificado o informe sobre dicho puesto. El certificado será expedido en tal caso en los términos ya referidos anteriormente en relación con la documentación adjunta a la solicitud de licencia.

Placa identificativa de vigilante de explosivos

 **Actividades**

3. Enumere los requisitos generales para la obtención de la habilitación como vigilante de explosivos.
4. Además de los requisitos generales exigibles, ¿deben los vigilantes de seguridad de explosivos reunir algún otro requisito específico?

2.2. El vigilante de seguridad de explosivos: funciones a desempeñar

Para exponer las funciones que pueden desempeñar única y exclusivamente aquellos vigilantes de seguridad que hayan obtenido la habilitación específica como vigilantes de explosivos, se acudirá a lo dispuesto en el Reglamento de Explosivos (en adelante, RExpl).

Importante

El Reglamento de Explosivos actualmente vigente es el aprobado por el Real Decreto 130/2017, de 24 de febrero.

En la actualidad, debido a que los requerimientos técnicos en el ámbito de la seguridad no tienen el mismo grado de complejidad y exigencia en uno y otro caso, existen dos reglamentos diferenciados: los artículos pirotécnicos y la cartuchería se regulan en Reglamento aprobado por Real Decreto 989/2015, de 30 de octubre; y los explosivos de uso civil, por Real Decreto 130/2017, de 24 de febrero.

El artículo 3.5 del RExpl dispone que los servicios de vigilancia y protección inmediata que, conforme a las disposiciones vigentes, no estuvieran reservados a las Fuerzas y Cuerpos de Seguridad competentes en esta materia, únicamente se podrán encomendar a personal específicamente determinado en este reglamento e instrucciones técnicas complementarias de desarrollo, esto es, **a los vigilantes de explosivos.**

Con carácter general, son **funciones** de los vigilantes de explosivos las siguientes:

1. La protección inmediata de las fábricas, talleres y depósitos de explosivos, regulados en el Reglamento de Explosivos y en sus Instrucciones Técnicas Complementarias.
2. La vigilancia y custodia de las mercancías que sean objeto de transporte (por carretera, por ferrocarril, marítimo, por vía fluvial, en embalses y aéreo), desde el momento de salida de su origen hasta la entrega final al destinatario.
3. La adopción de las medidas de seguridad necesarias para garantizar la protección debida en caso de emergencia, comunicando inmediatamente cualquier incidencia a la Comandancia o puesto de la Guardia Civil más cercano, que lo transmitirá al órgano administrativo competente (generalmente, la Delegación o Subdelegación del Gobierno).

Para el adecuado desempeño de estas funciones en el caso de **transporte de explosivos,** los vigilantes de explosivos deberán contar con los medios y dotación precisos. El Reglamento de Seguridad Privada hace, en su artículo 33.3, una remisión a lo dispuesto en el Reglamento de Explosivos al decir que la dotación y las funciones de los vigilantes de cada vehículo de transporte y distribución de explosivos se determinarán con arreglo a lo que disponga este último reglamento citado. Estas funciones y el modo de prestarlas reglamentariamente se estudiarán en el apartado siguiente, en relación con cada uno de los medios de transporte que más arriba se han citado.

Finalmente, hay que señalar, en relación con las **instalaciones o depósitos de explosivos,** destinados a fines comerciales o a su consumo, que los mismos también contarán con vigilancia y protección que corresponderá a los vigilantes de explosivos que pertenezcan a una empresa de seguridad. Sus funciones se ajustarán en todo caso a un *Plan de Seguridad Ciudadana* del depósito correspondiente, que deberá ser diseñado por la empresa de seguridad y ser, en su caso, aprobado por la Dirección General de la Guardia Civil. De cualquier modo, el plan referido deberá ajustarse a lo establecido en la *Instrucción Técnica Complementaria número 1*. En estos depósitos comerciales o de consumo se podrá sustituir la vigilancia por este personal especializado por un sistema de alarma cuya idoneidad, sin embargo, debe quedar expresamente indicada en las autorizaciones de establecimiento o, en su caso, en las de modificación. Si así ocurriese, el sistema de alarma deberá estar conectado con la unidad de la Guardia Civil que sea designada por la Dirección General de la Guardia Civil.

 Para saber más

Puede consultar la Instrucción Técnica Complementaria número 1, en la que se recogen instrucciones para la protección de fábricas, talleres, depósitos y transportes de explosivos, accediendo aquí:

https://redirectoronline.com/mf00820102

 **Importante**

El Reglamento de Explosivos aprobado por Real Decreto 130/2017, de 24 de febrero, incorpora como Anexos una serie de Instrucciones Técnicas Complementarias numeradas, por las que se establecen normas técnicas que complementan la regulación de sus preceptos. La actualización de dichas Instrucciones Técnicas Complementarias se realizará teniendo en cuenta la evolución de la técnica y lo que dispongan las normas legales y reglamentarias que se dicten sobre las materias a que tales Instrucciones se refieren.

La Instrucción Técnica Complementaria (ITC) número 1 contiene la regulación detallada de lo relativo a los servicios de protección inmediata de las fábricas, talleres, depósitos y transportes de explosivos. Respecto a las medidas de seguridad en fábricas, depósitos y talleres, los mismos deberán, antes del inicio de su actividad, contar con un Plan de Seguridad elaborado por una empresa de seguridad y aprobado por la Intervención Central de Armas y Explosivos, en el que como mínimo se especifique el siguiente contenido:

Contenido del Plan de Seguridad

1. Datos generales:

   a. Empresa
   b. Ubicación
   c. Descripción de instalaciones
   d. Plano de la instalación y planos topográficos

2. Análisis de riesgos:

   a. Identificación e inventario de riesgos
   b. Método utilizado
   c. Análisis y evaluación

3. Seguridad:

a. Director del proyecto del PSC
b. Empresa proveedora del servicio de seguridad
c. Medidas de seguridad

Del mantenimiento de estas condiciones fijadas en el Plan de Seguridad será responsable la empresa de seguridad que lo haya elaborado.

La regulación detallada de esos servicios de protección inmediata de las fábricas, talleres, depósitos y transportes de explosivos serán objeto de estudio más detenido posteriormente.

 Para saber más

El Plan de Seguridad Ciudadana debe presentarse en la Intervención Central de Armas y Explosivos o en la Intervención de Armas y Explosivos de la Guardia Civil de la provincia donde vaya a realizarse la actividad; este deberá acompañarse de la solicitud de aprobación. En el siguiente enlace, se puede consultar:

https://redirectoronline.com/mf00820101

 Actividades

5. Describa cuáles son las funciones generales de un vigilante de seguridad de explosivos.
6. Dentro de un Plan de Seguridad relativo a la protección de fábricas, depósitos y talleres de explosivos, ¿qué elementos se harán constar de modo necesario, relativos a la seguridad humana?

3. Derecho Administrativo especial

En una concepción que ya es clásica en el sistema jurídico y siguiendo al jurista italiano Zanobini (1950), el derecho administrativo puede definirse como aquella parte del derecho público que tiene por objeto la organización, los medios y las formas de la actividad de las Administraciones públicas y las consiguientes relaciones jurídicas entre aquellas y otros sujetos.

Dentro del mismo, el derecho administrativo especial regula las distintas formas de acción administrativa, entendidas estas como la intervención que realizan las Administraciones públicas en distintos sectores del ordenamiento y el modo en que la misma afecta a la esfera de derechos e intereses de los particulares.

La figura del vigilante de explosivos y sus funciones específicas, es una materia reglada por el derecho administrativo especial, que engloba dentro de sí todas las normas y disposiciones que dedican, en mayor o menor número, sus preceptos a la regulación de la misma.

Se expondrán a continuación de modo sistemático los preceptos que, dentro del Reglamento de Explosivos, del Reglamento de Artículos Pirotécnicos y Cartuchería, de la Ley y el Reglamento de Minas, y del Reglamento de Transporte de Mercancías Peligrosas, le afectan.

3.1. El Reglamento de Explosivos: artículos que especialmente le afectan

El Reglamento de Explosivos actualmente vigente fue aprobado por el Real Decreto 130/2017, de 24 de febrero.

Esta disposición reglamentaria se elaboró y aprobó en el marco de lo dispuesto en la Directiva 2014/28/UE del Parlamento Europeo y del Consejo, de 26 de febrero de 2014, relativa a la armonización de las legislaciones de los Estados miembros en materia de comercialización y control de explosivos con fines civiles.

 **Sabía que...**

Una directiva es un acto legislativo de la Unión Europea, adoptado por el Consejo y el Parlamento Europeo, que es vinculante para los Estados miembros en cuanto a los objetivos a alcanzar y a los resultados previstos, en un tiempo concreto. Son, sin embargo, las autoridades de los Estados miembros las que, mediante el acto de transposición de la directiva al derecho interno, determinarán el modo concreto en que dichos objetivos se alcanzarán.

Pues bien, en el marco normativo español y de la Unión Europea anteriormente citado, el Reglamento de Explosivos contiene los siguientes artículos que afectan especialmente a las funciones a desempeñar por los vigilantes de explosivos.

Fábricas de explosivos

Son aquellos lugares donde, siempre que cuenten con la debida autorización, se podrá llevar a cabo la fabricación de explosivos. Estas fábricas deberán contar con un Plan de Seguridad Ciudadana elaborado por la empresa encargada de la seguridad del establecimiento.

 Recuerde

El Plan de Seguridad se presentará en la Intervención Central de Armas y Explosivos donde vaya a realizarse la actividad, e irá acompañado de la solicitud de aprobación.

En las fábricas de explosivos pueden existir zonas que se clasifican en función de su peligrosidad, así, dentro de estas fábricas, deben distinguirse los siguientes conceptos:

a. **Zona peligrosa**

Es el área de terreno en la que se encuentran situados un conjunto de edificios peligrosos, entre los que pueden existir edificios no peligrosos.

b. **Edificio peligroso**

Es el edificio que alberga uno o varios locales peligrosos.

c. **Local peligroso**

Es el compartimento, integrado o no en un edificio, en el que se lleva a cabo la manipulación o almacenamiento de materias u objetos explosivos.

d. **Edificio no peligroso**

Es el edificio o local instalado dentro del perímetro de la instalación destinado a tareas auxiliares o accesorias en las que no está permitida ninguna manipulación o almacenamiento de explosivos.

 Ejemplo

Los locales auxiliares para el almacenamiento de material inerte y para el almacenamiento de otras materias primas (producto químico) se consideran edificios no peligrosos.

Los artículos del RExpl referentes a estos lugares, y que afectan especialmente a los vigilantes de explosivos, son los que se describen a continuación.

Artículo 44 RExpl

Este artículo se integra en el título relativo a la regulación de las **FÁBRICAS DE EXPLOSIVOS** y, dentro del mismo, en el capítulo dedicado a la **Seguridad en las fábricas de explosivos.**

Respecto a las funciones de los vigilantes de seguridad de explosivos, establece, en síntesis, que la vigilancia y protección de estas fábricas corresponderá a este personal especializado -integrado, sin excepción, en una empresa de seguridad- que estará siempre en comunicación con cualquiera de las diferentes zonas de la fábrica.

Recuerde

▮ Las fábricas de explosivos estarán bajo la vigilancia y protección de vigilantes de seguridad de explosivos, pertenecientes a una empresa de seguridad, con arreglo a un plan de seguridad ciudadana de la fábrica.
▮ Desde las diferentes zonas de la fábrica se podrá establecer comunicación con los vigilantes de seguridad de explosivos que realicen su custodia.
▮ En todo caso, deberá disponerse de un sistema de alarma.

Artículo 46 RExpl

Este artículo se integra en el título relativo a la regulación de las **FÁBRICAS DE EXPLOSIVOS** y, dentro del mismo, en el capítulo dedicado a la **Seguridad en las fábricas de explosivos.**

El precepto en cuestión se dedica a regular el funcionamiento de las fábricas de explosivos, los requisitos del personal, la señalización y los locales de trabajo, y se redacta del siguiente modo:

46.1. *Antes de incorporarse a su trabajo, el personal deberá recibir formación e información sobre las características de las materias y productos con los que ha de operar y de los riesgos inherentes a la manipulación de los mismos, así como de las medidas de prevención y protección necesarias. Del mismo modo, deberá recibir formación específica sobre las pautas de actuación en caso de emergencia. Deberá quedar registro interno a disposición de las autoridades, de que el trabajador ha recibido esta formación e información firmada por el trabajador.*

46.2. *El funcionamiento de las fábricas se desarrollará conforme a criterios y procedimientos de seguridad, a cuyo fin deberán ser adoptados los sistemas, técnicas y directrices que resultaren más idóneos y eficaces.*

46.3. Las operaciones que hayan de realizarse en la elaboración de los explosivos con productos y materias primas caracterizados por su peligrosidad se desarrollarán con la debida cautela, evitando cualquier negligencia, imprudencia o improvisación.

46.4. Los operarios observarán las instrucciones que respecto a la producción y seguridad les sean dadas por sus superiores.

46.5. Los empleados deberán utilizar los equipos de protección individual u otros medios de protección especiales que les facilite la empresa, adecuados a las materias que manipulen y a las operaciones que realicen con ellas, cuando las condiciones del trabajo lo requieran.

46.6. No se permitirá fumar dentro del recinto de la fábrica, salvo en los lugares o dependencias autorizados expresamente para ello, si los hubiere.

46.7. No se deberá encender fuego ni almacenar materias inflamables o fácilmente combustibles en el interior o en las proximidades de los edificios, locales o emplazamientos peligrosos, a no ser por causa ineludible y previa la adopción de las medidas de seguridad pertinentes.

46.8. Tampoco podrá penetrarse en dichas dependencias con objetos susceptibles de producir chispas o fuego, salvo autorización especial.

46.9. Las operaciones de mantenimiento o reparación que hubieran de efectuarse en edificios o locales peligrosos estarán sometidas a los métodos de autorización establecidos en la fábrica por la dirección de la misma y habrán de efectuarse por personal técnicamente cualificado.

46.10. El tiempo de permanencia fuera de sus depósitos o almacenes de los explosivos fabricados y de las materias o productos intermedios, caracterizados por su peligrosidad, será el menor racionalmente posible.

46.11. Los operarios cuidarán de la conservación y perfecto estado de funcionamiento de los instrumentos, máquinas y herramientas que tuvieran a su cargo. Deberán dar cuenta inmediata a los responsables de su unidad cuando advirtiesen alguna condición o acción indebida.

46.12. Se adoptarán las medidas necesarias para evitar la introducción indebida de materia explosiva o inflamable entre los órganos o mecanismos de maquinaria, aparatos o utensilios, así como la colocación indebida de tales materias en lugares expuestos a la acción de elementos caloríficos u otra clase de elementos incompatibles con ellas.

46.13. Los instrumentos, máquinas y herramientas empleados en la fabricación de explosivos industriales, además de cumplir con la normativa vigente aplicable, deberán estar fabricados con los materiales más adecuados para las operaciones o manipulaciones a que se destinen.

46.14. En el manejo o funcionamiento de dichos elementos de trabajo deberá evitarse que se produzcan choques o fricciones anormales.

46.15. *Los edificios, locales y almacenes peligrosos deberán estar claramente identificados mediante una clave numérica, alfabética o alfanumérica. Dicha clave deberá reseñarse, de forma bien visible, en el exterior del edificio, local o almacén y próxima al acceso al mismo.*

46.16. *En el interior de dichos lugares, en lugar visible y junto al acceso principal, deberá disponerse una placa identificativa donde se recoja, al menos, la información siguiente:*

   a. Identificación del edificio o local.

   b. Número máximo de personas que puede albergar simultáneamente.

   c. Cantidad máxima de explosivos que pueda contener, si procede, y división de riesgo.

   d. Medidas generales de seguridad.

   e. Normas que deben adoptarse en caso de emergencia.

46.17. *Ningún empleado podrá entrar en zonas, edificios o locales peligrosos en los que no le corresponda trabajar, sin autorización especial para ello.*

46.18. *Las fábricas deberán contar con personal capacitado para la prestación de primeros auxilios a las víctimas de los posibles accidentes. Asimismo, deberán estar dotadas de los correspondientes recursos precisos para la eficiente prestación de los mismos. Se establecerán los métodos de evacuación necesarios para proceder al urgente traslado de cualquier persona que requiera asistencia externa, de acuerdo con el Plan de Emergencia establecido.*

46.19. *Deberán tomarse las debidas precauciones para la circulación del personal en los espacios expuestos a riesgo evidente y evitarse aquélla en lo posible.*

46.20. *Los fabricantes de explosivos que dispongan de fábricas móviles deberán establecer las medidas de seguridad industrial y de seguridad y salud en el trabajo necesarias durante la fase de fabricación, de conformidad con lo establecido en este reglamento.*

Artículo 52 RExpl

Este artículo se integra en el título relativo a la regulación de las **FÁBRICAS DE EXPLOSIVOS** y, dentro del mismo, en el capítulo dedicado a la **Seguridad en las fábricas de explosivos.**

En él se detallan las **funciones de los vigilantes de seguridad** de explosivos así como los **aspectos constructivos que deben tener las fábricas de**

explosivos. En este precepto, el Reglamento de Explosivos se pronuncia del modo siguiente:

52.1. Sin perjuicio de que el Ministerio del Interior, a través de la Dirección General de la Guardia Civil, adopte las medidas de protección, control, e inspección de las fábricas de explosivos, que considere necesarias en razón a la competencia que le otorga el ordenamiento jurídico, dichas fábricas estarán bajo la vigilancia y protección de vigilantes de explosivos, con arreglo al Plan de seguridad ciudadana de la instalación, elaborado por un Director o Jefe de Seguridad, este último perteneciente a una empresa de seguridad, el cual deberá ser aprobado por la Intervención Central de Armas y Explosivos, conforme a lo establecido en la ITC número 1. Esta vigilancia humana podrá ser sustituida por unos medios físicos y electrónicos, conforme a lo dispuesta en la citada instrucción que igualmente quedarán recogidos en el Plan de seguridad ciudadana.

52.2. Las fábricas de explosivos contarán con un cerramiento en las condiciones y al objeto que indica la ITC número 1. Contarán con una puerta principal y las secundarias que sean justificadamente necesarias para la seguridad, incluidas las salidas de emergencia, según su normativa específica, todas ellas de resistencia análoga a la de la cerca.

52.3. Desde las diferentes zonas de la fábrica se podrá establecer comunicación con los vigilantes de explosivos que realicen su custodia, debiendo la empresa de seguridad encargada de la misma asegurar la comunicación entre su sede y el personal que desempeñe la vigilancia y protección de la fábrica.

52.4. La Dirección General de la Guardia Civil podrá exigir un sistema de alarma eficaz en conexión con la Unidad de la Guardia Civil que designe.

52.5. Los vigilantes de explosivos extremarán la vigilancia respecto al entorno del recinto fabril y de las zonas, edificios y locales peligrosos comprendidos en el mismo.

52.6. Previa autorización de la Intervención Central de Armas y Explosivos, podrá sustituirse, total o parcialmente, la vigilancia y protección mediante vigilantes de explosivos por un sistema de seguridad electrónica contra robo e intrusión en conexión con una central receptora de alarmas o centro de control de seguridad.

52.7. El cerramiento de las fábricas tendrá una altura no inferior a 2 metros y 50 centímetros, de los cuales los 50 centímetros superiores serán necesariamente de alambrada de espino, inclinada hacia el exterior 45° respecto a la vertical.

52.8. En cualquier caso, se encontrará despejado y no presentará irregularidades o elementos que permitan escalarlo. Queda prohibido, salvo autorización explícita, cualquier tipo de construcción en el interior del recinto de la fábrica a menos de 10 metros del cerramiento.

52.9. *Las puertas de acceso al recinto de la fábrica, en los períodos en que dicho acceso estuviera abierto, estarán sujetas a constante vigilancia por personal de seguridad de explosivos en el número que determine la Intervención Central de Armas y Explosivos en el Plan de seguridad ciudadana que controlará la entrada y salida de personas o cosas y dispondrá de un método de conexión eficaz para transmitir alarmas en caso de necesidad.*

52.10. *Dichas puertas de acceso deberán responder a las características exigidas para el resto del cerramiento y su cerradura será de seguridad.*

52.11. *Las plantas de fabricación y edificios en que se contengan o manipulen materias explosivas se hallarán, en su totalidad, dentro de un recinto con cerramiento adecuado, dotado de un corredor exterior constituido por una franja de terreno de, al menos, tres metros de anchura, enteramente despejado de forma tal que facilite la efectiva vigilancia y protección.*

52.12. *Las medidas de vigilancia y protección establecidas en la ITC número 1 de este reglamento, serán de obligado cumplimiento para las fábricas de explosivos.*

 ## Actividades

7. Defina el concepto de "local peligroso" aplicable, en relación con las fábricas de explosivos.
8. Describa sintéticamente cuál es el contenido del artículo 52 del Reglamento de Explosivos.

Artículo 53 RExpl

Este artículo se integra en el título relativo a la regulación de las **FÁBRICAS DE EXPLOSIVOS** y, dentro del mismo, en el capítulo dedicado a la **Seguridad en las fábricas de explosivos.**

En esencia, regula este precepto el modo en que deberá cumplimentarse el control de accesos, para la entrada o salida de personas o cosas de las fábricas de explosivos, así como la necesidad de comprobar siempre las necesarias autorizaciones. Se establecen también las advertencias que deberán realizarse por el personal de seguridad a toda persona que entre en el recinto de la fábrica.

El reglamento recoge estas disposiciones con la siguiente redacción:

53.1. Solo se permitirá la entrada o salida en fábricas de personas o cosas que gocen de autorización al efecto y previas las verificaciones y controles que resultasen oportunos.

53.2. El acceso en una fábrica de explosivos de personas ajenas a ella requerirá su registro en un libro de visitas habilitado al efecto, previa la identificación correspondiente.

53.3. Dichas personas serán informadas de las condiciones generales de seguridad y del plan de evacuación, y durante su permanencia en el mismo deberán estar acompañadas por un empleado a cuyas instrucciones deberán atenerse escrupulosamente, salvo que su presencia, por razón de inspección o de su actividad, implique la estancia continua o frecuente, en cuyo caso deberán atenerse a las normas e instrucciones que les sean facilitadas previamente por la dirección técnica o el encargado.

Aplicación práctica

Pilar es parte del grupo de vigilantes de seguridad de explosivos en una fábrica de explosivos desde hace varios años. Hoy trabaja en el turno de mañana y le toca el control de acceso a la fábrica en las horas de entrada del personal de la misma.

Como es habitual, todo el personal tiene una habilitación de entrada mediante una tarjeta que da acceso al interior. Pilar revisa las bolsas y mochilas que traen los trabajadores, habitualmente con ropa y comida, y aleatoriamente realiza un registro individual más minucioso como indica el Plan de Seguridad.

Hacia las diez de la mañana se presenta en el acceso un hombre indicando que viene a visitar al encargado de mantenimiento para realizar un presupuesto.

¿Cuáles son los requisitos que deberá cumplir el visitante para que Pilar le dé acceso a la fábrica de explosivos?

SOLUCIÓN

Según el artículo 53 del Reglamento de Explosivos, la entrada de personas ajenas a la fábrica de explosivos requerirá su inscripción en un libro de visitas habilitado al efecto, previa identificación correspondiente. También, deberán estar acompañado por un empleado en todo momento.

Artículo 54 RExpl

Este artículo se integra en el título relativo a la regulación de las **FÁBRICAS DE EXPLOSIVOS** y, dentro del mismo, en el capítulo dedicado a la **Seguridad en las fábricas de explosivos.**

En este artículo, el Reglamento de Explosivos establece concretas prohibiciones sobre la posibilidad de introducir en el recinto de la fábrica de explosivos determinados artículos que puedan afectar a la seguridad y otorga concretas facultades a los vigilantes de explosivos para controlar que tal prohibición no se quebranta. El artículo que reglamenta estas prohibiciones indica lo siguiente:

> *54.1. No se podrán introducir en el recinto fabril bebidas alcohólicas ni efectos que permitan producir fuego o sean susceptibles de afectar a su seguridad. Queda prohibido sacar, sin la autorización pertinente, del recinto fabril cualquier producto o residuo peligroso.*

> *54.2. Los servicios de vigilancia efectuarán periódicamente, y sin necesidad de previo aviso, registros individuales, cumpliendo con las prescripciones contenidas en el artículo 18 de la Ley del Estatuto de los Trabajadores cuyo texto refundido fue aprobado por Real Decreto Legislativo 2/2015, de 23 de octubre, para velar por el cumplimiento de lo dispuesto en el apartado anterior. Estas actuaciones se llevarán a cabo de acuerdo con un plan de registros que formará parte del Plan de seguridad ciudadana que haya sido autorizado por la Intervención Central de Armas y Explosivos y, que será supervisado por la Intervención de Armas y Explosivos que por demarcación le corresponda, a la que se le enviará mensualmente, dentro de los cinco primeros días hábiles, un parte resumen de las actuaciones realizadas.*

> *54.3. El personal deberá mantener orden a la entrada y salida de la fábrica y sus dependencias, así como durante su permanencia en ellas, quedándole prohibida su estancia en ellas fuera del correspondiente horario laboral, salvo que expresamente se le permita.*

> *54.4. Cuando cesare la actividad en los edificios o locales peligrosos, se cerrarán sus puertas y ventanas asegurándolas debidamente y se activarán los sistemas de alarma, si procede.*

Aplicación práctica

Hace ya un año que Claudia consiguió su habilitación específica como vigilante de seguridad de explosivos. Llevaba ya tres años trabajando para la misma empresa que, además de prestar servicios de vigilancia general en centros comerciales, recientemente suscribió un contrato con una entidad mercantil dedicada a la fabricación de explosivos.

La pasada semana Claudia fue destacada por su empresa para prestar los servicios para los que está específicamente habilitada. Se le facilitó el correspondiente Plan de Seguridad y lo estudió detenidamente. Para mañana, su jefe de servicio ha previsto la realización de un registro individual y aleatorio al personal que trabaja en la fábrica.

¿Con qué objeto exclusivo puede realizarse este tipo de registros individuales? ¿Cuántas veces puede realizarse a lo largo de un año?

SOLUCIÓN

El artículo 54 del Reglamento de Explosivos contiene normas relativas a las medidas de vigilancia, control y prevención que podrán adoptarse en las fábricas de explosivos. En concreto, autoriza a los servicios de vigilancia para efectuar registros individuales.

El objeto exclusivo de los registros que autoriza el reglamento es el de velar por el cumplimiento de las normas en materia de seguridad para poder comprobar, en concreto, que no se han introducido en el recinto fabril bebidas alcohólicas ni efectos que permitan producir fuego o sean susceptibles de afectar a la seguridad de la fábrica.

En relación con el número de veces que pueden realizarse este tipo de registros, el Reglamento de Explosivos se remite a lo dispuesto en el Plan de Seguridad de la empresa de fabricación de explosivos, admitiendo en todo caso que los registros se realicen de manera periódica y sin previo aviso.

Actividades

9. ¿Qué artículo del Reglamento de Explosivos contiene disposiciones relativas a los requisitos y características del control de acceso a las fábricas de explosivos?

Continúa en página siguiente >>

<< Viene de página anterior

10. Identifique, según el artículo 53 del Reglamento de Explosivos, a qué personas se podrá permitir la entrada o salida de las fábricas de explosivos y en qué condiciones.

Fábricas de explosivos: regulación de la ITC número 1

Para finalizar con la referencia de los preceptos que definen las funciones a desempeñar por los vigilantes de explosivos en las **fábricas de explosivos,** y el modo en que habrán de prestarse, debe completarse con la exposición de los contenidos al respecto en la Instrucción Técnica Complementaria número 1 que se integra en el propio Reglamento de Explosivos.

Así, la ITC número 1 establece las siguientes especialidades que, en relación con las medidas de seguridad en fábricas de explosivos, deberán ser conocidas por el vigilante de explosivos:

Cumplimiento del PSC

El titular de la instalación será responsable del cumplimiento de las condiciones especificadas en el PSC, sin perjuicio de la responsabilidad correspondiente a la empresa de seguridad encargada de su vigilancia o del mantenimiento los sistemas de seguridad y CRA (Central Receptora de Alarmas). Cualquier variación, modificación o cambio respecto a lo determinado en el citado PSC, deberá ser objeto de nueva autorización o aprobación por la Intervención Central de Armas y Explosivos.

Sistema de alarma

Siempre que la fábrica no esté en horario de producción y los explosivos se encuentren almacenados en depósitos, así como en el caso de depósitos de explosivos fuera del horario de actividad, se podrá sustituir durante este período la vigilancia humana por una seguridad física y electrónica eficaz, que será aprobada por la Intervención Central de Armas y Explosivos, teniendo la instalación la consideración de autoprotegida. Las medidas de seguridad mínimas que deben tener en estos casos, son las que figuran en el anexo II.

Las fábricas y depósitos de explosivos protegidos deberán de cumplir las medidas de seguridad mínimas que se indican en el anexo III de esta ITC.

Intervención de armas y explosivos

Sin perjuicio de que todas las fábricas de explosivos estén bajo el control de una Intervención de Armas y Explosivos, la Dirección General de la Guardia Civil podrá dotar a alguna de ellas, de una Intervención Especial de Armas y Explosivos o de un Destacamento bajo el mando del Interventor de Armas y Explosivos. En este caso, los titulares de las fábricas las dotarán de los medios necesarios para el desarrollo de sus funciones.

Conexión entre la fábrica y la Guardia Civil

La conexión entre la Central Receptora de Alarmas y la Guardia Civil lo será con la Unidad que designe el Jefe de la Zona donde esté ubicada la fábrica o depósito. La Central Receptora de Alarmas, una vez verificada la alarma, comunicará la incidencia sin dilación a la Unidad de la Guardia Civil y a las Fuerzas y Cuerpos de Seguridad territorialmente competentes.

 Importante

Todos los dispositivos electrónicos del sistema de seguridad deberán ser de los clasificados en el grado 4 de la norma UNE-EN 50131-1. Las medidas de seguridad, instaladas antes de la fecha de entrada en vigor de este reglamento, tendrán validez indefinida salvo que el elemento o medida de seguridad haya dejado de cumplir la finalidad para la que fue instalado. En caso de instalación de uno nuevo, el mismo deberá cumplir con el grado de seguridad exigido.

Almacenes o depósitos

Se entenderá por depósito al **recinto o lugar que alberga uno o más polvorines.** Pueden diferenciarse las siguientes clases de depósitos:

- **Auxiliar:** los depósitos auxiliares asociados a una fábrica de explosivos son aquellos destinados a almacenar las materias y productos explosivos necesarios para la fabricación de los productos terminados.

Cajas contenedoras de materia prima (© Fotografía: Belish / Shutterstock.com)

- **Productos terminados:** los depósitos auxiliares asociados a una fábrica de explosivos son aquellos destinados a almacenar las materias y productos explosivos necesarios para la fabricación de los productos terminados.

Depósito de productos terminados

■ **De consumo:** son los depósitos que tienen como finalidad el almacenamiento de los productos reglamentados para su consumo por el titular.

Depósito de consumo

Dentro de este apartado, hay que hacer una mención específica a los **polvorines**. Así, según el artículo 57 RExpl, se entiende por **polvorín cada local, dentro del recinto de un depósito, acondicionado para el almacenamiento de explosivos.** No tendrán la consideración de polvorines los almacenes a que se refiere el artículo 41.3 de este reglamento. Los polvorines podrán ser, de la forma que se expone a continuación.

Superficiales

Son edificaciones a la intemperie en cuyo entorno pueden existir o no defensas naturales o artificiales. Su capacidad máxima superficial será de 25.000 kg netos de materia reglamentada.

Semienterrados

Los polvorines semienterrados estarán recubiertos por tierra en todas sus caras, excepto en la frontal. Este recubrimiento tendrá un espesor mínimo de un metro en la parte superior del edificio, descendiendo las tierras por todas sus partes según su talud y no pudiendo tener en ninguno de sus puntos de caída un espesor inferior a un metro.

La capacidad máxima de almacenamiento de cada polvorín semienterrado será de 50.000 kilogramos netos de explosivos.

Subterráneos

También denominados "nichos", son excavaciones a las que se accede desde el exterior mediante un túnel, una rampa, un pozo inclinado o un pozo vertical. La capacidad máxima será de 5.000 kg netos; pero se limitará a 1.000 kg netos si el polvorín está próximo a labores en que se prevea la presencia habitual de personas.

Conforme al artículo 62.2 RExpl se considerarán clandestinos los depósitos que no estén amparados por la correspondiente autorización oficial.

Los artículos del RExpl referentes a estos depósitos o lugares de almacenamiento, y que afectan especialmente a los vigilantes de explosivos son los que se describen a continuación.

Artículo 86 RExpl

Este artículo se integra en el título relativo a la regulación de los **DEPÓSITOS DE EXPLOSIVOS** y, dentro del mismo, en el capítulo dedicado a los **Depósitos de productos terminados y depósitos de consumo.**

En este precepto se regula la necesidad de que determinados depósitos de explosivos cuenten con **vigilancia proporcionada por personal de seguridad privada** especializado y establece las obligaciones de la empresa de seguridad encargada de prestar dicho servicio. Prevé igualmente que este tipo de vigilancia personal sea sustituida por un adecuado sistema de alarma. El contenido de este precepto reglamentario es el siguiente:

86.1. Sin perjuicio de que el Ministerio del Interior, a través de la Dirección General de la Guardia Civil, adopte las medidas de protección, control, e inspección de los depósitos de productos terminados de explosivos, y de consumo, que considere necesarias en razón a la competencia que le otorga el ordenamiento jurídico, dichos depósitos estarán bajo la vigilancia y protección de vigilantes de explosivos, con arreglo al Plan de seguridad ciudadana de la instalación, elaborado por un Director o Jefe de Seguridad, este último perteneciente a una empresa de seguridad, el cual deberá ser aprobado por la Intervención Central de Armas y Explosivos, conforme a lo establecido en las ITC número 1 y número 11. Esta vigilancia humana podrá ser sustituida por unos medios físicos y electrónicos, conforme a lo dispuesto en las citadas instrucciones que igualmente quedarán recogidos en el Plan de seguridad ciudadana.

(...)

86.3. La Dirección General de la Guardia Civil podrá exigir un sistema de alarma eficaz en conexión con la Unidad de la Guardia Civil que se designe.

 Recuerde

La Instrucción Técnica Complementaria (ITC) número 1, incluida en el Anexo del Reglamento de Explosivos, contiene una regulación detallada relativa a los servicios de protección inmediata de las fábricas, talleres, depósitos y transportes de explosivos.

Artículo 87 RExpl

Este artículo se integra en el título relativo a la regulación de los **DEPÓSITOS DE EXPLOSIVOS** y, dentro del mismo, en el capítulo dedicado a los **Depósitos de productos terminados y depósitos de consumo.**

Este artículo establece **qué personas pueden o no entrar en el recinto de un polvorín** y regula el modo en que, antes de la entrada, deberán ser advertidas de los riesgos y del modo restringido en que podrán actuar una vez dentro del mismo. Además, también regula las **restricciones relativas a la introducción de determinados efectos** y el modo en que el personal especializado de vigilancia de explosivos habrá de actuar periódicamente para controlar que, en efecto, tales efectos no han sido introducidos. Se regula igualmente la obligación de informar de esos controles periódicos a la Intervención de Armas y Explosivos de la Guardia Civil.

Estas obligaciones del vigilante de seguridad de explosivos se establecen así por el reglamento:

87.1. Solo se permitirá la entrada o salida a las zonas de almacenamiento de los depósitos a las personas que gocen de autorización al efecto y previas las verificaciones o controles que resultasen oportunos. La entrada a estas zonas peligrosas, desde las oficinas en caso de que las hubiera, se advertirán con la correspondiente señalización de prohibido el paso a toda persona no autorizada y cualquier otra que se estime necesaria para la seguridad de dichas zonas.

87.2. El acceso a las zonas de almacenamiento de los depósitos de personas ajenas a ellas requerirá un permiso de la dirección o del encargado de la instalación, debiendo firmar un libro de visitas habilitado a tal efecto, previa la identificación correspondiente.

87.3. Dichas personas serán advertidas de que entran en dichas zonas del depósito bajo su propio riesgo, y durante su permanencia en tales zonas deberán estar acompañadas por un empleado a cuyas instrucciones deberán atenerse escrupulosamente, salvo que su presencia, por razón de inspección o de su actividad, implique la estancia continua o frecuente en el recinto, en cuyo caso deberán atenerse a las normas e instrucciones que les sean facilitadas previamente por la dirección técnica o el encargado.

87.4. No se podrá introducir en el recinto o sacar del mismo, efectos que sean susceptibles de afectar a la seguridad.

87.5. Los servicios de vigilancia efectuarán registros individuales periódicamente, y sin necesidad de previo aviso, cumpliendo con las prescripciones contenidas en el artículo 18 de la Ley del Estatuto de los Trabajadores cuyo texto refundido fue aprobado por Real Decreto Legislativo 2/2015, de 23 de octubre, para velar por el cumplimiento de lo dispuesto en el apartado anterior. Estas actuaciones se llevarán a cabo de acuerdo con un plan de registros que formará parte del Plan de seguridad ciudadana que haya sido aprobado por la Intervención Central de Armas y Explosivos y que será supervisado por la Intervención de Armas y Explosivos que por demarcación le corresponda, a la que se le enviará mensualmente, dentro de los cinco primeros días hábiles, un parte resumen de las actuaciones realizadas.

87.6. La tenencia y custodia de llaves de los polvorines corresponderá a una Unidad de la Guardia Civil, que podrá delegarla expresamente en la empresa de seguridad que presta servicio en la instalación.

87.7. El horario de apertura de los depósitos, así como la tenencia y custodia de llaves de los polvorines se regulará conforme a lo establecido en la ITC número 11.

Aplicación práctica

Durante los últimos dos años Álvaro ha venido trabajando como vigilante de seguridad de explosivos de una empresa dedicada la explotación de recursos mineros en la provincia de Almería; en concreto, presta sus servicios en una cantera donde las labores de extracción de los recursos del grupo A se desarrolla a cielo abierto.

Para la extracción de roca, los facultativos de minas de la explotación utilizan regularmente los explosivos adecuados a las labores mineras por lo que, siendo frecuente el consumo de aquellos con este uso civil, la explotación dispone de los depósitos necesarios (polvorines) para albergar tales materiales.

1. ¿Qué precepto del Reglamento de Explosivos deberá aplicar Álvaro en el control de accesos al polvorín donde se almacenan los explosivos para su uso en la cantera?
2. ¿Qué personas y en qué condiciones podrán acceder al recinto de un polvorín?

SOLUCIÓN

1. El artículo que regula el acceso a un polvorín en el que se almacenan productos explosivos para uso civil es el 87 del Reglamento de Explosivos.
2. De acuerdo con lo previsto en este precepto legal, Álvaro, como vigilante de seguridad de explosivos, está obligado a impedir la entrada en el recinto del polvorín a cualquier persona que no esté específicamente autorizada para ingresar en el mismo, permitiendo solo el acceso a quienes sí lo estén, previas las verificaciones y controles que resulten oportunos, entre otros, la comprobación de la identidad de quien pretenda entrar y la exhibición de la correspondiente autorización.

En todo caso, la persona a la que se facilite el acceso al recinto del polvorín será advertida de que entra en el mismo bajo su propio riesgo. Se le hará saber expresamente la obligación de atenerse a las normas e instrucciones que se le indiquen.

Almacenamientos especiales

A continuación se analizará el **almacenamiento de materias reglamentadas fuera de los polvorines y demás depósitos,** para ello se tomarán como referencia a los siguientes puntos:

- Artículo 95 del Reglamento de Explosivos.
- Polvorines especiales: regulación en la ITC número 18.

Importante

Según el artículo 94.2 del RExpl, el almacenamiento de las materias reglamentadas fuera de los depósitos podrá permitirse cuando concurrieran circunstancias que lo hicieran indispensable, tales como accidente, o causa imprevisible en el transporte.

Artículo 95 RExpl

Este artículo se integra en el título relativo a la regulación de los **DEPÓSITOS DE EXPLOSIVOS** y, dentro del mismo, en el capítulo dedicado a los **Depósitos especiales.**

Este precepto determina **qué órganos administrativos tendrán competencia para autorizar la existencia de polvorines auxiliares** en algunas instalaciones. De igual modo regula las características que habrán de reunir cada uno de estos polvorines auxiliares y las distancias mínimas exigibles en su establecimiento. La redacción de este artículo es la siguiente:

95.1. *Por los Delegados del Gobierno, previo informe de las correspondientes Áreas Funcionales de Industria y Energía y de la Intervención de Armas y Explosivos de la Comandancia que corresponda, se podrán autorizar a los usuarios de explosivos, polvorines auxiliares de distribución con capacidad unitaria máxima de 50 kilogramos o 500 detonadores, sin que pueda sobrepasarse el número de diez polvorines auxiliares por instalación.*

95.2. *El polvorín estará construido en forma de caja fuerte, contará con un nivel de seguridad de grado VII, que se define en la ITC número 28, estará anclado al terreno mediante una cubierta de hormigón y dispondrá de doble cerradura de seguridad, una de cuyas llaves estará en poder del encargado de la explotación u obra y la otra, en poder del vigilante de explosivos, si lo hubiera.*

Además, aquellas explotaciones u obras cuya duración sea superior a seis meses y siempre que en ellas se encuentre almacenada una cantidad superior a 150 kg de explosivo o 1.000 detonadores, deberán contar con la presencia de vigilantes de explosivos. Dichos vigilantes podrán ser sustituidos por medidas alternativas de seguridad recogidas en un plan de seguridad aprobado por la Intervención Central de Armas y Explosivos, de acuerdo con lo dispuesto en la ITC número 1. Asimismo, el polvorín será homologado por el Ministerio de Energía, Turismo y Agenda Digital.

95.3. Las distancias de los polvorines entre sí y respecto a núcleos de población, complejos industriales, líneas de comunicación, etc., estarán de acuerdo con la ITC número 18. Asimismo, en caso de que estos polvorines se ubiquen en un emplazamiento subterráneo, se deberá cumplir la ITC número 17.

Polvorines auxiliares: regulación en la ITC número 18

La **Instrucción Técnica Complementaria número 18,** del Anexo I del Reglamento de Explosivos, bajo el Título **"Emplazamiento de los polvorines auxiliares de 50 kg"** se dicta en desarrollo del artículo 95 RExpl que se acaba de reproducir. Esta ITC recoge la normativa a aplicar en la construcción y emplazamiento de estos polvorines auxiliares del modo siguiente:

1. El polvorín o los polvorines que constituyan un depósito auxiliar de distribución deberán de ser de un modelo homologado por el Ministerio de Energía, Turismo y Agenda Digital, previo informe de la Intervención Central de Armas y Explosivos.

2. Dichos polvorines auxiliares de distribución quedan excluidos del régimen general aplicable a los depósitos de explosivos, de conformidad con lo dispuesto en el artículo 94.

3. El anclaje del polvorín auxiliar al terreno podrá ser fijo o contar con un sistema, inaccesible desde el exterior, que permita desanclarlo para su traslado.

4. Los polvorines se dispondrán, siempre, con sus ejes paralelos y sus puertas orientadas en el mismo sentido.

5. El régimen de distancias de los polvorines auxiliares será el siguiente:

a. Entre sí:

| *Distancia mínima entre dos polvorines de explosivos, 8 m.*

| *Distancia mínima entre un polvorín de explosivos y otro de detonadores, 1,5 m.*

| *Estas distancias se considerarán entre paredes. Los polvorines se dispondrán, siempre, con sus ejes paralelos y sus puertas orientadas en el mismo sentido.*

b. Al entorno exterior:

| *Núcleos de población: 125 m.*

| *Complejos industriales y vías de comunicación: 100 m.*

| *Edificaciones aisladas: 75 metros.*

c. Al propio centro de trabajo: A lugares de trabajo en que haya presencia permanente de personas: 75 metros.

6. Las mediciones de las distancias anteriores se efectuarán a partir de los paramentos de los polvorines, sin contar el recubrimiento de hormigón.

7. Las distancias al entorno y al propio centro de trabajo establecidas en los puntos 5.b) y 5.c) anteriores, podrán reducirse a la mitad cuando existan defensas naturales o artificiales. A la hora de contabilizar las defensas no se considerarán las superposiciones de defensas. El diseño de estas defensas se ajustará a lo establecido para ello en la ITC número 9.

 Actividades

11. Defina qué se entiende por "depósito de explosivos" e identifique las clases de depósitos que pueden existir.
12. ¿Cómo define el artículo 57 del Reglamento de Explosivos un "polvorín"?

3.2. Real Decreto 563/2010, por el que se aprueba el Reglamento de Artículos Pirotécnicos y Cartuchería (derogado por el Real Decreto 989/2015, de 30 de octubre)

El Real Decreto 563/2010, de 7 de mayo, fue derogado por el Real Decreto 989/2015, de 30 de octubre, por el que se aprueba el Reglamento de Artículos Pirotécnicos y Cartuchería, que le sustituye y es el que está actualmente vigente. Por ello, el análisis del Reglamento de Artículos Pirotécnicos y Cartuchería (en adelante RAPyC) que se hará a continuación es el del aprobado por el Real Decreto 989/2015, ya citado.

 Importante

La Disposición Derogatoria Única del Real Decreto 989/2015, de 30 de octubre, por el que se aprueba el Reglamento de Artículos Pirotécnicos y Cartuchería, establece que, a su entrada en vigor, quedan derogados:

a. El Real Decreto 563/2010, de 7 de mayo, sin perjuicio de su aplicación en los términos previstos en las disposiciones transitorias primera, segunda y tercera y en la disposición final cuarta del presente real decreto.
b. La Orden INT/3543/2007, de 29 de noviembre, en lo relativo a la guía de circulación para la cartuchería metálica.
c. Cualquier otra norma de igual o inferior rango que se oponga a lo establecido en este real decreto.

Talleres de pirotecnia

Los talleres de pirotecnia son fábricas que cuentan con las autorizaciones correspondientes para **elaborar artículos pirotécnicos** como fuegos artificiales, bengalas, y otros explosivos de poca carga.

Los artículos del RAPyC que afectan a la función de los vigilantes de seguridad de explosivos son los que se explican y exponen a continuación.

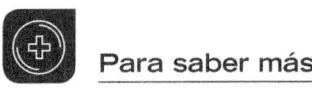

Para saber más

A través del siguiente enlace se puede consultar una clasificación de las diferentes categorías de artículos pirotécnicos.

https://redirectoronline.com/mf00820103

Artículo 50 RAPyC. Cerramiento y vigilancia de los talleres

El precepto establece qué tipo de cerramientos deberán tener los talleres de pirotecnia y cuántas puertas, así como las características de las mismas. Completa su regulación determinando qué tipo de vigilancia y seguridad podrán tener.

La reglamentación que contiene el precepto está redactada del modo siguiente:

50.1. *Los talleres de pirotecnia contarán con un cerramiento en las condiciones y al objeto que indica la ITC número 11. Contarán con una puerta principal y las secundarias que sean justificadamente necesarias para la seguridad, incluidas las salidas de emergencia, según su normativa específica, todas ellas de resistencia análoga a la de la cerca.*

50.2. *Los talleres contarán con la vigilancia humana suficiente de acuerdo con el Plan de Seguridad Ciudadana aprobado por la Intervención Central de Armas y Explosivos de la Guardia Civil. Esta vigilancia humana podrá ser sustituida por unos medios físicos y electrónicos conforme a lo dispuesto en la ITC número 11 que igualmente quedarán recogidos en el Plan de Seguridad Ciudadana.*

La ITC número 11 a la que se refiere el RAPyC contiene disposiciones relativas a "Seguridad Ciudadana: medidas de vigilancia y protección en instalaciones de cartuchería, pirotecnia, y transportes de cartuchería metálica y mecha de seguridad". En lo referente a la seguridad proporcionada mediante vigilantes de seguridad especializados en explosivos, esta ITC establece para las empresas de seguridad la obligación de presentar para su aprobación ante la Intervención Central de Armas y Explosivos un borrador de Plan de Seguridad Ciudadana que, en lo que a este respecto interesa, deberá contener:

- Número de vigilantes de seguridad por turnos.
- Número de turnos.
- Número de puestos de vigilancia.
- Responsable de la seguridad.

La empresa será responsable de la veracidad de los datos que aporte, pudiendo sustituir vigilancia humana en todas las instalaciones que cuenten con una seguridad física suficiente y un sistema de seguridad electrónica contra robo e intrusión conectado con central receptora de alarmas. Ello siempre que se cumplan las especificaciones establecidas por la propia ITC en relación con la seguridad física y electrónica.

 Para saber más

Consulta la Instrucción técnica complementaria número 11: Seguridad Ciudadana: medidas de vigilancia y protección en instalaciones de cartuchería, pirotecnia, y transportes de cartuchería metálica y mecha de seguridad, accediendo aquí:

https://redirectoronline.com/mf00820104

Artículo 51 RAPyC. Controles de entrada y salida

Regula las restricciones a las que deberán someterse las entradas y salidas de las zonas de fabricación y depósitos, así como los permisos especiales que puedan ser requeridos y las advertencias de las que deberán ser objeto las personas que atraviesen los controles de acceso a dichas zonas.

Este artículo indica lo siguiente, afectando especialmente a las funciones del vigilante de seguridad de explosivos:

51.1. Solo se permitirá la entrada o salida de las zonas de fabricación y depósitos a las personas que gocen de autorización al efecto y previas las verificaciones o controles que resultasen oportunos. La entrada a estas zonas peligrosas, desde las oficinas en caso de que las hubiera, se advertirán con la correspondiente señalización de prohibido el paso a toda persona no autorizada y cualquier otra que se estime necesaria para la seguridad de dichas zonas.

51.2. El acceso a las zonas de fabricación y depósitos de personas ajenas al taller requerirá un permiso de la dirección, o del encargado de la instalación, debiendo firmar un libro de visitas habilitado a tal efecto, previa identificación correspondiente.

51.3. Dichas personas serán advertidas de que entran en dichas zonas bajo su propio riesgo, y durante su permanencia en tales zonas deberán estar acompañadas por un empleado a cuyas instrucciones deberán atenerse escrupulosamente, salvo que su presencia, por razón de inspección o de su actividad, implique la estancia continua o frecuente en el recinto, en cuyo caso deberán atenerse a las normas e instrucciones que les sean facilitadas previamente por la dirección técnica o el encargado.

Artículo 52 RAPyC. Normas relativas al desarrollo de la actividad del taller

Al igual que hacía el artículo 90 del RExpl en relación con las fábricas, este establece qué prohibiciones deben aplicarse respecto a las sustancias que pueden introducirse en los talleres de pirotécnica y el modo en que los servicios de vigilancia deberán actuar regularmente y de modo periódico.

Este precepto, que afecta de modo particular a los vigilantes de seguridad de explosivos destinados en los talleres de pirotecnia, se pronuncia del modo siguiente:

52.1. No se podrán introducir en el recinto del taller bebidas alcohólicas ni efectos que permitan producir fuego o sean susceptibles de afectar a su seguridad. Queda prohibido sacar, sin la autorización pertinente, del recinto del taller cualquier producto o residuo peligroso.

52.2. Los servicios de vigilancia, en caso de estar presentes, efectuarán periódicamente, y sin necesidad de previo aviso, registros individuales, cumpliendo con las prescripciones contenidas en el artículo 18 del Estatuto de los Trabajadores cuyo texto refundido fue aprobado por el Real Decreto Legislativo 1/1995, de 24 de marzo, para velar por el cumplimiento de lo dispuesto en el apartado anterior. Estas actuaciones se llevarán a cabo de acuerdo con un plan de actuación que formará parte del Plan de Seguridad Ciudadana que haya sido autorizado por la Intervención Central de Armas y Explosivos. De las actuaciones realizadas se le enviará mensualmente un parte resumen a la Intervención de Armas y Explosivos de la Guardia Civil que por demarcación corresponda.

En caso de no contar con servicios de vigilancia, dicha actuación recaerá en el empresario titular del taller o persona que designe y siempre cumpliendo las prescripciones del artículo 18 del Estatuto de los Trabajadores.

52.3. El personal deberá mantener orden a la entrada y salida del taller y sus dependencias, así como durante su permanencia en ellas, quedándole prohibida su estancia en las mismas fuera del correspondiente horario laboral, salvo que expresamente se le permita.

52.4. Cuando cesare la actividad en los edificios o locales peligrosos, se cerrarán sus puertas y ventanas asegurándolas debidamente y se activarán los sistemas de alarma, si procede.

Talleres específicos de carga de cartuchería

Las mismas disposiciones que se han recogido se reproducen en el Reglamento de Artículos Pirotécnicos y de Cartuchería para regular la seguridad ciudadana en los talleres de carga de cartuchería; en concreto, en los artículos 59 ("Cerramiento y vigilancia de los talleres"), 60 ("Controles de entrada y salida") y 61 ("Normas relativas al desarrollo de la actividad del taller"). A continuación, se expondrá el contenido de tales artículos, referido, en este caso a los **talleres específicos de carga de cartuchería.**

Artículo 59 RAPyC. Cerramiento y vigilancia de los talleres

El contenido literal del artículo 59 del Reglamento de Artículos Pirotécnicos y Cartuchería, es el siguiente:

59.1. Los talleres de carga de cartuchería contarán con un cerramiento en las condiciones que indica la ITC número 11. Contarán con una puerta principal y las secundarias que sean justificadamente necesarias, todas ellas de resistencia análoga a la de la cerca.

59.2. Los talleres contarán con la vigilancia humana suficiente de acuerdo con el Plan de Seguridad Ciudadana aprobado por la Intervención Central de Armas y Explosivos de la Guardia Civil. Esta vigilancia humana podrá ser sustituida por unos medios físicos y electrónicos conforme a lo dispuesto en la ITC número 11 que igualmente quedarán recogidos en el Plan de Seguridad Ciudadana.

Artículo 60 RAPyC. Controles de entrada y salida

Este precepto reglamentario establece disposiciones concretas que afectan a las labores del vigilante de seguridad de explosivos. Identifica qué personas podrán acceder a las zonas de fabricación y establece que el acceso habrá de ser siempre autorizado y previo paso de los controles correspondientes. En concreto, las personas ajenas al taller solo podrán entrar en él con un permiso especial de la dirección; permiso que les será retirado cuando lo abandonen, debiendo quedar constancia de la entrada y salida en un libro de visitas. En cualquier caso, establece el precepto, las personas visitantes deberán ser advertidas del riesgo que conlleva el ingreso en el mismo y deberán aceptar que lo hacer bajo conocimiento de tal riesgo y asumiendo su responsabilidad.

Lo anterior es expresado por el precepto del modo literal siguiente:

60.1. Solo se permitirá la entrada o salida de las zonas de fabricación y depósito a las personas que gocen de autorización al efecto y previas las verificaciones o controles que resultasen oportunos. La entrada o salida a estas zonas no se podrán realizar desde las oficinas, en caso de que las hubiera.

60.2. La entrada en un taller de personas ajenas a él requerirá un permiso de la dirección, que les será retirado a su salida, debiendo firmar un libro de visitas habilitado a tal efecto, previa identificación correspondiente.

60.3. Dichas personas serán advertidas de que entran en el recinto del taller bajo su propio riesgo, y durante su permanencia en él deberán estar acompañadas por un empleado a cuyas instrucciones deberán atenerse escrupulosamente, salvo que su presencia, por razón de su actividad, implique la estancia continua o frecuente en el recinto, en cuyo caso deberán atenerse a las normas e instrucciones que les sean facilitadas previamente por la dirección técnica.

Recuerde

A las fábricas de explosivos solo podrá acceder personal autorizado, al que se le advertirá de los riesgos a los que se exponen y siempre acompañado por un empleado de la misma.

Artículo 61 RAPyC. Normas relativas al desarrollo de la actividad del taller

En este precepto el Reglamento de Artículos Pirotécnicos establece normas muy concretas para los vigilantes de seguridad de explosivos, ya que identifica qué tipos de bebidas y objetos deberán ser controlados -por estar prohibidos en el recinto protegido- en la entrada a la zona de actividad del taller. Igualmente consagra la posibilidad de que los vigilantes de seguridad de explosivos realicen controles individuales, aleatorios y periódicos para comprobar que las prohibiciones anteriores son cumplidas rigurosamente. Finalmente, en la siguiente redacción, el precepto termina por exponer el modo de proceder del vigilante de seguridad cuando, conforme al Plan de Seguridad, haya verificado los controles anteriormente reseñados:

61.1. No se podrán introducir en el recinto del taller bebidas alcohólicas ni efectos que permitan producir fuego o sean susceptibles de afectar a su seguridad. Queda prohibido sacar, sin la autorización pertinente, del recinto del taller cualquier producto o residuo peligroso.

61.2. Los servicios de vigilancia, en caso de estar presentes, efectuarán periódicamente, y sin necesidad de previo aviso, registros individuales cumpliendo con las prescripciones contenidas en el artículo 18 del Estatuto de los Trabajadores cuyo texto refundido fue aprobado por el Real Decreto Legislativo 1/1995, de 24 de marzo, para velar por el cumplimiento de lo dispuesto en el apartado anterior. Estas actuaciones se llevarán a cabo de acuerdo con lo dispuesto en un plan de actuación que formará parte del Plan de Seguridad Ciudadana que haya sido autorizado por la Intervención Central de Armas y Explosivos. De las actuaciones realizadas se le enviará mensualmente un parte resumen a la Intervención de Armas y Explosivos de la Guardia Civil que por demarcación corresponda (...).

61.3. El personal deberá mantener orden a la entrada y salida del taller y sus dependencias, así como durante su permanencia en ellas, quedándole prohibida su estancia en las mismas fuera del correspondiente horario laboral, salvo que expresamente se le permita.

61.4. Ningún empleado podrá entrar en zonas, edificios o locales peligrosos en los que no le corresponda trabajar, sin autorización especial para ello.

61.5. Cuando cesare la actividad en los edificios o locales peligrosos, se cerrarán sus puertas y ventanas asegurándolas debidamente y se activarán los sistemas de alarma, si procede.

 ## Actividades

13. Según el artículo 60 del Reglamento de Artículos Pirotécnicos y Cartuchería, ¿qué personas podrán entrar y salir a las zonas de fabricación y depósito de un taller de carga de cartuchería? ¿Podrán acceder directamente desde una oficina, si la hubiese?
14. ¿Qué artículo del Reglamento de Artículos Pirotécnicos y Cartuchería habilita a los servicios de vigilancia para realizar periódicamente registros individuales en talleres de carga de cartuchería?

Depósitos de productos terminados

Se entiende por depósito de artículos pirotécnicos al lugar destinado al almacenamiento de las materias reglamentadas, con todos los elementos que las constituyen.

A continuación, se describen los artículos que reflejan las disposiciones en materia de seguridad ciudadana respecto a los depósitos de artículos pirotécnicos, para ello se analizarán los siguientes artículos del Reglamento de Artículos Pirotécnicos y Cartuchería.

Artículo 93 RAPyC. Cerramiento y vigilancia de los depósitos

En el RAPyC se regulan los tipos de cerramientos que deben presentar los depósitos de productos terminados no integrados en un taller de fabricación, así como la posibilidad de establecer medidas de vigilancia tanto personal como electrónica.

Este precepto se pronuncia del modo que se expone a continuación:

93.1. Los depósitos de productos terminados no integrados en un taller de fabricación contarán con un cerramiento en las condiciones y al objeto que indica la ITC número 11. Contarán con una puerta principal y las secundarias que sean justificadamente necesarias para la seguridad, incluyendo las salidas de emergencia, según su normativa específica, todas ellas de resistencia análoga a la de la cerca.

93.2. Los depósitos de productos terminados contarán con la vigilancia humana suficiente de acuerdo con el Plan de Seguridad Ciudadana aprobado por la Intervención Central de Armas y Explosivos de la Guardia Civil. Esta vigilancia humana podrá ser sustituida por unos medios físicos y electrónicos conforme a lo dispuesto en la ITC número 11 que igualmente quedarán recogidos en el Plan de Seguridad Ciudadana.

Artículo 94 RAPyC. Controles de entrada y salida y normas relativas al desarrollo de la actividad

El reglamento contiene en este precepto las prohibiciones y restricciones de acceso a los depósitos de almacenamiento de productos terminados, así como las advertencias que deberán realizar quienes presten los servicios especializados de vigilancia en los mismos y las revisiones que, periódicamente, deberán practicarse para comprobar el cumplimiento de estas prohibiciones.

Es un precepto que tiene una redacción prácticamente idéntica al artículo 61 que ya se estudió más arriba (relativo a los talleres específicos de carga de cartuchería) por lo que, al objeto de evitar reiterar el contenido de ambos artículos, se hará remisión al tenor literal del precepto citado y reproducido anteriormente.

Artículo 95 RAPyC. Inspecciones en materia de seguridad ciudadana

En el artículo se establecen qué órganos y autoridades tienen competencia, en el ámbito de la seguridad ciudadana, para realizar las inspecciones de estos depósitos de productos terminados.

El contenido literal del precepto refleja lo siguiente:

95.1. La inspección sobre medidas de seguridad ciudadana de los depósitos de productos terminados y el control de las materias reglamentadas que se encuentren almacenadas en ellos corresponde a las distintas Intervenciones de Armas y Explosivos territoriales, quienes podrán realizar, sin previo aviso, cuantas inspecciones estimen necesarias.

95.2. Las anomalías observadas serán puestas por la Intervención Central de Armas y Explosivos en conocimiento de la Delegación del Gobierno correspondiente y del titular del depósito para su subsanación dentro de un plazo indicado.

Depósitos auxiliares asociados a talleres de artículos pirotécnicos y cartuchería

Pueden diferenciarse en este apartado los almacenes auxiliares subterráneos y los almacenes auxiliares asociados a los talleres. En cualquier caso, las disposiciones comunes a ambos se contienen en el precepto que se trata a continuación.

Artículo 100 RAPyC. Medidas de seguridad ciudadana

Este precepto se remite a la Instrucción Técnica Complementaria número 11, a la que ya se hizo referencia anteriormente en términos que ahora se dan por reproducidos.

El tenor literal del precepto es el siguiente:

Los almacenes auxiliares asociados a talleres contarán con las condiciones para la seguridad ciudadana que indica la ITC número 11, ligadas a las medidas integrales del taller donde se ubiquen.

Para saber más

Se puede acceder a través del siguiente enlace a un artículo en el que se definen una serie de recomendaciones en el almacenamiento y conservación del material pirotécnico.

https://redirectoronline.com/mf00820105

Depósitos especiales

Estos almacenamientos especiales quedan excluidos del régimen general de los depósitos y pueden utilizarse de modo eventual cuando concurrieran circunstancias que lo hicieran indispensable, tales como un accidente o una causa imprevisible en su transporte.

 Sabía que...

La base con la que se fabrican los artículos pirotécnicos es la pólvora. Esta deberá almacenarse en lugares frescos y secos, ya que la pólvora puede deteriorarse con la humedad y puede prender si se acerca demasiado a una fuente de calor: calefactores, estufas, etc.

Artículo 103 RAPyC. Almacenamiento en armerías, empresas de seguridad, polígonos y galerías de tiro y empresas especializadas en la custodia de armas

Este artículo se integra dentro del Título III, Capítulo IV del RAPyC y contiene disposiciones en materia de seguridad ciudadana a observar en armerías, empresas de seguridad, polígonos y galerías de tiro y empresas especializadas en la custodia de armas.

En este artículo se regulan las cantidades de pólvora y cartuchería que podrán almacenar las armerías, con la correspondiente autorización de la Delegación del Gobierno en cada comunidad autónoma, así como la obligación de llevar un libro-registro de todo ello a disposición siempre de la autoridad competente.

De igual modo establece las obligaciones que tienen las empresas de seguridad que almacenen cartuchería en sus instalaciones. Regula también el posible almacenamiento de cartuchería por parte de polígonos, galerías de tiro y de empresas especializadas en la custodia de armas.

La ITC número 24 a la que se remite este artículo 103 lleva por título "MODELOS DE ACTA DE INSPECCIÓN Y REGISTROS". Tiene por objeto definir el formato de las actas de las inspecciones realizadas por las Áreas Funcionales de Industria y Energía de las Delegaciones o Subdelegaciones de Gobierno, así como el de los registros de movimientos de materias reglamentadas.

 Actividades

15. ¿A qué órganos administrativos les corresponde la función de inspección sobre medidas de seguridad ciudadana de los depósitos de productos terminados y el control de las materias reglamentadas que se encuentren almacenadas en ellos?
16. De acuerdo con el artículo 103 del Reglamento de Artículos Pirotécnicos y Cartuchería, ¿qué órgano administrativo es competente para autorizar el almacenamiento de materias explosivas en armerías? ¿Requiere algún informe previo la expedición de esa autorización?

3.3. La Ley y el Reglamento de Minas

La Ley de Minas vigente en España es la 22/1973, de 21 de julio, y es desarrollada a nivel reglamentario por el Real Decreto 2857/1978, de 25 de agosto, por el que se aprueba el Reglamento General para el Régimen de la Minería.

Como puede observarse, tanto la norma legal citada como la disposición reglamentaria que la desarrolla son normas preconstitucionales, esto es, anteriores a la promulgación de la Constitución de 29 de diciembre de 1978, habiendo sido modificadas tan solo en una ocasión, en el año 2014, en relación con un aspecto muy concreto relativo a los permisos de exploración o de investigación y las concesiones de explotación, cuestiones que ninguna relación directa guardan con lo que es objeto de estudio en este manual.

Ha de reseñarse igualmente que ni la Ley ni el Reglamento de Minas contienen disposición alguna que merezca ser reseñada en este momento por tener directa conexión con el trabajo del vigilante de seguridad especializado en explosivos. Ahora bien, dado que en determinadas explotaciones mineras el uso de explosivos está previsto dentro de las técnicas a aplicar, y reservado en todo caso a los técnicos titulados en materia de minas (ingenieros e ingenieros técnicos de minas) cabe concluir que en las instalaciones de estas explotaciones existirán depósitos que alberguen este material para su posterior uso con fines de exploración y/o de explotación de los recursos minerales de los que en cada caso se trate. Resulta, por ello, obligado que se incluyan a continuación, dentro de este apartado específico, las disposiciones contenidas en el Real Decreto 863/1985, de 2 de abril, por el que se aprueba el Reglamento General de Normas Básicas de Seguridad Minera.

Este reglamento, también antiguo pero dictado ya en periodo posconstitucional, establece las reglas generales mínimas de seguridad a las que se sujetarán las explotaciones de minas, canteras, salinas marítimas, aguas subterráneas, recursos geotérmicos, depósitos subterráneos naturales o artificiales, sondeos, excavaciones a cielo abierto o subterráneas, siempre que en cualquiera de los trabajos citados se requiera la aplicación de técnica minera o el uso de explosivos, y los establecimientos de beneficio de recursos geológicos en general, en los que se apliquen técnicas mineras.

Este reglamento, según declara en su artículo 2, tiene por objeto proteger a las personas ocupadas en trabajos de minería contra los peligros que amenacen su salud o su vida, así como la seguridad en todas las actividades especificadas en el párrafo anterior.

 Importante

Las Disposiciones Internas de Seguridad son, según el artículo 13 del Reglamento General de Normas Básicas de Seguridad Minera, unos documentos de los que deberán disponer en cada centro de trabajo (instalación y explotación minera) el director facultativo y los responsables del montaje y mantenimiento del mismo. Estas disposiciones regularán, además de los aspectos concretos que se destacarán en este epígrafe sobre explosivos, la circulación del personal y material dentro del recinto de la explotación minera y establecerán, entre otras previsiones, la organización que cada empresa prevea en orden a mantener la seguridad del personal.

El Reglamento General de Normas Básicas de Seguridad Minera (RGNBSM) regula en su Capítulo X lo relativo a las normas de seguridad a observar en relación con los explosivos que existan en las instalaciones con fines de utilización en las labores propias de la minería. Disponen los preceptos que integran este Capítulo X lo siguiente:

- **Artículo 127 RGNBSM.** Contiene obligaciones para las empresas consumidoras habituales de explosivos y las establece en los siguientes términos:

  Las empresas consumidoras habituales de explosivos contarán con Disposiciones Internas de Seguridad, que regulen de forma concreta los detalles de aplicación del presente reglamento.

- **Artículo 128 RGNBSM.** Este precepto consagra algunas prohibiciones en cuanto al empleo de explosivos y otros instrumentos no homologados. Su tenor literal es el siguiente:

Se prohíbe el empleo de explosivos, detonadores y artificios de toda clase, necesarios para provocar la explosión, que no hayan sido homologados. En dicha homologación constará el ámbito de su uso.

■ **Artículo 129 RGNBSM.** Regula del modo siguiente lo relativo al transporte de explosivos dentro del recinto de la empresa de explotación minera:

El transporte de explosivos que se realice dentro del recinto de la empresa se regulará de acuerdo con las Disposiciones Internas de Seguridad.

■ **Artículo 130 RGNBSM.** Trata de las características técnicas de los vehículos de transportes de explosivos dentro de la explotación minera. Su tenor literal es el siguiente:

Los vehículos que transporten explosivos no podrán cargar simultáneamente detonadores, cebos u otros artificios, ni tampoco simultanear otro tipo de carga.

Se podrá autorizar el transporte conjunto de artificios y explosivos, en las condiciones y con las limitaciones que se establezcan.

■ **Artículo 131 RGNBSM.** Consagra la necesidad de contar con una autorización específica para el transporte de explosivos dentro de la explotación minera. Lo hace en los siguientes términos:

El transporte de los explosivos dentro de las explotaciones se hará por personas debidamente autorizadas.

■ **Artículo 132 RGNBSM.** Este artículo es el primero de los que el Reglamento General de Normas Básicas de Seguridad Minera dedica al **almacenamiento** de explosivos dentro de los recintos de las explotaciones mineras. Se pronuncia del modo siguiente, diferenciando entre depósitos de explosivos y polvorines, de acuerdo con una distinción que ya es conocida:

Se entenderá por depósito de explosivos el lugar destinado al almacenamiento de las materias explosivas y sus accesorios, con todos los elementos muebles e inmuebles que lo constituyan.

En cada depósito podrá haber uno o varios polvorines.

El polvorín será un local de almacenamiento sin compartimientos ni divisiones, cuyas únicas aberturas al exterior sean la puerta de entrada y los conductos de ventilación. Su construcción se realiza según la reglamentación vigente y la Instrucción Técnica Complementaria correspondiente y de acuerdo con un proyecto aprobado.

Los detonadores se almacenarán en nichos diferentes a los que contengan explosivos industriales y no se podrá sobrepasar la cantidad de diez detonadores por cada kilo de explosivo almacenado, sin autorización expresa.

- **Artículo 133 RGNBSM.** De nuevo dedica el reglamento este precepto a establecer prohibiciones con la finalidad de garantizar la seguridad de las personas que trabajan en la explotación minera. Lo hace del modo siguiente:

Dentro del recinto de un depósito queda terminantemente prohibido fumar, portar elementos productores de llama desnuda, altas temperaturas y sustancias que puedan inflamarse, lo que se recordará con carteles bien visibles.

- **Artículo 134 RGNBSM.** Establece normas concretas sobre la ubicación de los depósitos subterráneos de explosivos:

Los depósitos subterráneos que comuniquen con labores mineras se instalarán en lugares aislados que no sirvan de paso para otra actividad distinta al abastecimiento de materias explosivas y estarán ubicados de forma que en caso de explosión o incendio los humos no sean arrastrados a las labores por la corriente de ventilación.

- **Artículo 135 RGNBSM.** Este precepto regula el movimiento de explosivos dentro de los depósitos dedicados a su almacenamiento, estableciendo la obligación de llevar un libro-registro para llevar a cabo el control de accesos al depósito y el de las existencias albergadas en él. Se pronuncia así:

El movimiento de explosivos en los depósitos habrá de ser realizado por personas autorizadas y especialmente instruidas por las empresas.

La persona responsable del movimiento de explosivos en los depósitos no podrá entregarlos en ningún caso más que mediante recibo y a las personas autorizadas.

Es preceptivo el uso de un libro-registro que se llevará al día, con entradas, salidas y existencias.

■ **Artículo 136 RGNBSM.** Contiene este precepto una disposición sobre el modo correcto de almacenar las sustancias explosivas en las proximidades de los frentes o tajos en los que materialmente se estén desarrollando las labores de extracción. Su tenor literal es el siguiente:

Las sustancias explosivas que hayan de almacenarse en las proximidades de los frentes o tajos de las explotaciones subterráneas se almacenarán hasta el momento de su empleo en cofres o arcas que servirán también para almacenar los sobrantes o el explosivo destinado a la pega cuando no haya podido efectuarse la carga de la misma.

 Actividades

17. ¿A qué explotaciones se aplicarán las normas básicas de seguridad establecidas en el Real Decreto 863/1985, de 2 de abril, por el que se aprueba el Reglamento General de Normas Básicas de Seguridad Minera?
18. ¿Qué precepto reglamentario prohíbe el uso en las explotaciones mineras de explosivos, detonadores y artificios no homologados?

3.4. Reglamento Nacional del Transporte de Mercancías Peligrosas por Carretera, Ferrocarril y Vía Aérea: artículos que especialmente le afectan

Desde el lugar de su fabricación hasta aquel en el que están destinadas a ser usadas, las mercancías peligrosas, y entre ellas los explosivos, han de ser transportadas utilizando cualquiera de los medios a los que se hace referencia en el título de este apartado. Las especiales medidas de seguridad, que deben ser conocidas en profundidad por el vigilante de seguridad de explosivos, exigen una regulación que el ordenamiento español consagra en las correspondientes normas sectoriales.

Reglamento nacional del transporte de mercancías peligrosas por carretera

La referencia a esta disposición debe entenderse hecha en la actualidad al Real Decreto 97/2014, de 14 de febrero, por el que se regulan las operaciones de transporte de mercancías peligrosas por carretera en territorio español.

Este reglamento se aprueba con la finalidad de poner al día todas aquellas normas anteriores que quedaron obsoletas o bien resultaban contrarias a las normas internacionales vigentes en este momento, aprovechando también para actualizar la normativa aplicable al transporte de mercancías peligrosas por carretera. Pretende asimismo desarrollar normas internas en la materia y regular cuestiones que se apartan del régimen general por considerarse necesario para supuestos específicos.

El reglamento al que se viene haciendo referencia contiene, en su artículo 3, una serie de definiciones cuyo conocimiento es imprescindible para comprender con precisión las disposiciones que se contienen en su articulado. Cabe destacar, entre ellas, las siguientes:

a. **ADR:** el Acuerdo Europeo sobre Transporte Internacional de Mercancías Peligrosas por Carretera, celebrado en Ginebra el 30 de septiembre de 1957, en su versión enmendada.
b. **Mercancías peligrosas:** aquellas materias y objetos cuyo transporte por carretera está prohibido o autorizado exclusivamente bajo las condiciones establecidas en el ADR o en otras disposiciones específicas.
c. **Transporte:** el realizado en vehículos automóviles, que circulen sin camino de rodadura fijo, por toda clase de vías terrestres urbanas o interurbanas, de carácter público, y asimismo de carácter privado, cuando el transporte que en los mismos se realice sea público.
d. **Operaciones de transporte:** son las actividades de carga, descarga de las mercancías en los vehículos y la transferencia entre modos de trans-

porte, así como las paradas y estacionamientos que se realicen por las circunstancias del transporte.

e. **Expedidor:** la persona física o jurídica por cuya orden y cuenta se realiza el envío de la mercancía peligrosa, para el cual se realiza el transporte, figurando como tal en la carta de porte.

f. **Transportista:** la persona física o jurídica que asume la obligación de realizar el transporte, contando a tal fin con su propia organización empresarial.

g. **Cargador-descargador:** la persona física o jurídica que efectúa o bajo cuya responsabilidad se realizan las operaciones de carga y descarga de la mercancía.

h. **Vehículo:** medio de transporte dotado de motor, destinado a ser utilizado en carretera, esté completo o incompleto, que tenga por lo menos cuatro ruedas y alcance una velocidad máxima de diseño superior a 25 km/h, así como cualquier remolque o semirremolque cuando transporten mercancías peligrosas, con excepción de los vehículos que circulen sobre raíles, la maquinaria móvil y los tractores forestales y agrícolas que no alcancen una velocidad de diseño superior a 40 km/h.

Normas sobre la operación de transporte

En el **Capítulo II** del Reglamento por el que se regulan las Operaciones de Transporte de Mercancías Peligrosas por Carretera en Territorio Español (RTMPC), de 2014, se establecen normas específicas sobre la **operación de transporte** en sí misma.

Artículo 4 RTMPC

Este artículo se dedica a los **miembros de la tripulación,** consagrando obligaciones específicas tanto para las empresas transportistas como para las personas que conduzcan los vehículos de transporte.

El contenido literal del precepto es el siguiente:

4.1. Las empresas transportistas adoptarán las medidas precisas para que los vehículos cumplan las condiciones reglamentarias y para que los miembros de la tripulación sean informados sobre las características especiales de los vehículos y tengan la formación exigida en la normativa vigente.

4.2. Para conducir vehículos que transporten mercancías peligrosas, cuando así lo requieran las disposiciones del ADR, se exigirá una autorización administrativa especial que habilite para ello, conforme a lo dispuesto en los artículos 25 y siguientes del Reglamento General de Conductores, aprobado por Real Decreto 818/2009, de 8 de mayo.

Artículo 5 RTMPC

Este artículo contiene disposiciones relativas a **normas de circulación.** Regula la potestad administrativa del órgano competente para establecer restricciones a la circulación de vehículos de transporte de mercancías peligrosas, así como obligaciones para estos en relación con la circulación de determinados itinerarios. Se refiere igualmente a la coordinación debida entre todas las autoridades implicadas en la autorización y control de este tipo de transportes.

Artículo 6 RTMPC

Este artículo contiene disposiciones que afectan a los **miembros de la tripulación no conductores** exigiendo que, al igual que los miembros conductores, hayan recibido de la empresa la formación adecuada a las funciones a realizar.

El tenor literal del precepto es el siguiente:

Cuando la operación de transporte precise, además, personal distinto del conductor a bordo del vehículo, la empresa por cuya cuenta actúa acreditará documentalmente que ha recibido la formación adecuada para la operación que se le ha encomendado.

Artículo 7 RTMPC

Este artículo contiene disposiciones relativas a **permisos excepcionales y especiales.** Atribuye competencias a los órganos de la Administración central del Estado y de las Comunidades y Ciudades Autónomas para establecer criterios relativos a la obtención de permisos excepcionales para transportes de mercancías que puedan producir riesgos debido a diferentes factores. De igual modo, regula el modo de proceder de los transportistas que deban utilizar vías o tramos de vías sujetos a restricciones de circulación para este tipo de transportes de mercancías peligrosas. Finalmente, regula también las autorizaciones de transporte de mercancías peligrosas prohibidas por el ADR o de aquellas cuyo transporte deba realizarse en condiciones diferentes de las previstas en el citado ADR.

Normas de actuación en caso de avería o accidente

En el **Capítulo IV** del Reglamento por el que se regulan las Operaciones de Transporte de Mercancías Peligrosas por Carretera en Territorio Español (RTMPC), de 2014, se establecen normas específicas sobre **actuación en caso de avería o accidente.**

Artículo 20 RTMPC

Este artículo contiene disposiciones relativas a **actuación y comunicación** en los casos en que se produzcan averías o accidentes durante el transporte. Regula el modo en que deberán proceder los miembros de la tripulación y, en el caso de que cualquiera de estos esté imposibilitado para actuar, qué protocolos se podrán en marcha por parte de la autoridad, agente o servicio de intervención más cercano que haya recibido la información inicial del hecho. De igual manera, el artículo 20 del Reglamento de Operaciones de Transporte de Mercancías Peligrosas establece cuáles son los medios en que la comunicación del hecho relativo a la avería o accidente deberá realizarse, siempre por el que resulte ser el más rápido posible, así como los datos de información que habrán de facilitarse en todo caso.

Este precepto que determina el modo concreto de proceder de los miembros de la tripulación debe ser conocido por el vigilante de seguridad de explosivos, en su tenor literal, para poder proceder conforme a lo establecido en el mismo en el caso de que en el accidente resultasen heridos o imposibilitados para actuar los miembros de la tripulación:

20.1. En caso de que un vehículo que transporte mercancías peligrosas, a causa de una avería o accidente, no pueda continuar su marcha, se actuará de la siguiente forma:

  a. Actuación de los miembros de la tripulación: los miembros de la tripulación tomarán inmediatamente las medidas que se determinen en las instrucciones escritas según el ADR y adoptarán aquellas otras que figuran en la legislación vigente. Seguidamente se procederá a informar de la avería o accidente al teléfono de emergencia que corresponda, de acuerdo con la relación que, a tal efecto, se publica, con carácter periódico, en el "Boletín Oficial del Estado" mediante Resolución de la Dirección General de Protección Civil y Emergencias del Ministerio del Interior. Posteriormente, y siempre que sea posible, se comunicará también a la empresa transportista y a la empresa expedidora, identificadas como tales en la carta de porte o documentos de transporte.

  b. En caso de imposibilidad de actuación de los miembros de la tripulación: en este supuesto, la autoridad o su agente más cercano o el servicio de intervención que ha recibido la información inicial del hecho (agrupación de tráfico de la Guardia Civil, Fuerzas y Cuerpos de Seguridad, bomberos, Cruz Roja, etc.), se asegurará, a través de los mecanismos y protocolos establecidos, de que sean informados los responsables en materia de tráfico y seguridad vial, y el Centro de Coordinación Operativa designado en el correspondiente plan de la Comunidad Autónoma o, en su defecto, las Delegaciones/Subdelegaciones del Gobierno de la provincia en la que el suceso se produzca, llamando a los números de teléfono que se publican, con carácter periódico, en el Boletín Oficial del Estado mediante Resolución de la Dirección General de Protección Civil y Emergencias del Ministerio del Interior, para que, en cada caso, se adopten las medidas de prevención o protección que resulten más adecuadas, contando para ello con lo dispuesto en las fichas de intervención de los servicios operativos en situaciones de emergencia provocadas por accidentes en el transporte de mercancías peligrosas por carretera y ferrocarril.

20.2. La comunicación a que se refieren los apartados anteriores se efectuará por el medio más rápido posible e incluirá los siguientes datos:

  a. Localización del suceso.

  b. Estado del vehículo implicado y características del suceso.

  c. Datos sobre las mercancías peligrosas transportadas.

  d. Existencia de víctimas.

  e. Condiciones meteorológicas.

  f. Otras circunstancias que se consideren de interés para valorar los posibles efectos del suceso sobre la seguridad de las personas, los bienes o el medioambiente y las posibilidades de intervención preventiva.

Aplicación práctica

Daniel es vigilante de seguridad de explosivos y la empresa en la que trabaja está al cargo de una fábrica de explosivos. Daniel trabaja en ella en el control de acceso y también realiza la custodia en los transportes. Un viaje que realiza con asiduidad es desde la fábrica a una cantera situada a tres horas de viaje por carretera. En uno de estos viajes con el camión y con una fuerte tormenta eléctrica y lluvia, un vehículo que terminaba la maniobra de adelantamiento al camión pierde el control y es embestido por el mismo.

Daniel baja del vehículo ileso y comprueba cómo se encuentran los ocupantes del vehículo y su conductor del camión, así como el estado del camión y su carga. Constata que el conductor del vehículo se encuentra en estado de *shock* y tiene distintas heridas, el copiloto del vehículo se encuentra inconsciente y el conductor del camión tiene un fuerte dolor en el pecho. En cuanto al camión, la carga no ha sufrido ningún percance, pero el camión pierde líquidos por debajo del motor y no arranca.

¿A quién debe avisar Daniel? ¿Qué datos deberá aportar?

SOLUCIÓN

Daniel deberá tomar todas las medidas en las instrucciones escritas según el ADR.

Deberá informar de lo ocurrido al teléfono de emergencias y se pondrá en contacto con la empresa transportista y la empresa expedidora.

Los datos que deberá indicar son:

- En primer lugar, su identificación con número de TIP y funciones que desempeña en el transporte.
- A grandes rasgos, el modo en que ha ocurrido el accidente.
- La localización del suceso y el estado de las víctimas.
- El estado de los vehículos implicados y características del suceso.
- Los datos de la mercancía peligrosa que se transporta y las condiciones meteorológicas existentes en la zona (en particular, la lluvia que provoca que el suelo esté mojado y provoque peligro en la circulación, así como la existencia de tormentas eléctricas que podrían eventualmente ocasionar un incendio con el consiguiente riesgo de explosión del material reglamentado que era objeto del transporte).

Artículo 21 RTMPC

Este artículo regula los **planes de actuación,** en referencia a las medidas a adoptar en casos de accidente y/o averías en los transportes de mercancías peligrosas en función de las necesidades de intervención.

El contenido literal del precepto es el siguiente:

> *En función de las necesidades de intervenciones derivadas de las características del accidente y de sus consecuencias ya producidas o previsibles, las autoridades competentes aplicarán las medidas previstas en los planes especiales de protección civil ante el riesgo de accidentes en los transportes de mercancías peligrosas por carretera y ferrocarril.*
>
> *Los citados planes especiales serán elaborados de acuerdo con lo establecido en la Directriz Básica de Planificación de Protección Civil ante el riesgo de accidentes en los transportes de mercancías peligrosas por carretera y ferrocarril.*

Artículo 22 RTMPC

En este artículo 22 el reglamento se refiere a los **acuerdos de colaboración** que podrán celebrar los órganos competentes de las Administraciones públicas con las entidades que representen a los sectores profesionales implicados con la finalidad de colaborar mutuamente en los casos en que se produzca un accidente o una avería durante el transporte. Regula, igualmente, el régimen de indemnización de los daños y lesiones que se produzcan.

Estas disposiciones se expresan así por el reglamento en cuestión:

> *Por el Ministerio del Interior, o por los órganos competentes de las Comunidades Autónomas en cada caso, así como por aquellas entidades que representen sectores profesionales interesados (expedidores, transportistas, etc.), y con el fin de colaborar en las actuaciones en caso de accidente, se fomentarán acuerdos o pactos de ayuda mutua entre las*

propias empresas de los sectores profesionales, y acuerdos o convenios de colaboración de dichas empresas con las autoridades competentes en tales circunstancias. De los mismos se dará información a la Comisión Nacional de Protección Civil y, según proceda, a la Comisión para la Coordinación del Transporte de Mercancías Peligrosas.

Los daños que se deriven directa o indirectamente del empleo de personal y materiales de las empresas incorporadas a los acuerdos o convenios de colaboración con las autoridades competentes, las lesiones producidas a las personas por estas actividades de colaboración en los planes de protección civil frente a estos accidentes y, asimismo, los daños que causen a terceros, por la acción de aquellos en tales circunstancias, serán indemnizables de conformidad con lo dispuesto en la legislación sobre responsabilidad de la Administración por el funcionamiento de los servicios públicos, sin perjuicio de su resarcimiento por la misma con cargo al responsable del accidente.

Actividades

19. ¿Qué se entiende por "mercancías peligrosas" según el Real Decreto 97/2014, de 14 de febrero, por el que se regulan las operaciones de transporte de mercancías peligrosas por carretera en territorio español?
20. Defina el concepto de "operaciones de transporte" según lo previsto por el Real Decreto 97/2014, de 14 de febrero, por el que se regulan las operaciones de transporte de mercancías peligrosas por carretera en territorio español.

Transporte de Mercancías Peligrosas por Ferrocarril

Aun cuando no es la disposición que contiene básicamente la regulación que afecta a los vigilantes de seguridad de explosivos, el aspirante a ejercer esta profesión debe conocer que el **Real Decreto 412/2001, de 20 de abril,** aprueba un conjunto de normas que regulan diversos aspectos relacionados con el transporte de mercancías peligrosas por ferrocarril.

De él se destacarán, no obstante, por su interés con las materias que son objeto de estudio en este concreto apartado, las siguientes **definiciones:**

a. **COTIF:** convenio relativo a los transportes internacionales por ferrocarril, firmado en Berna, el 9 de mayo de 1980.

b. **RID:** reglamento relativo al transporte internacional de mercancías peligrosas por ferrocarril anejo al COTIF, con sus modificaciones.

c. **Mercancías peligrosas:** aquellas materias y objetos cuyo transporte por ferrocarril está prohibido o autorizado exclusivamente bajo las condiciones establecidas en el RID o en la normativa específica reguladora del transporte de mercancías peligrosas.

d. **Transporte:** toda operación de cambio de lugar en recorridos mediante ferrocarril realizada total o parcialmente en el territorio nacional, incluidas las actividades de carga y descarga de las mercancías peligrosas, así como el cambio de un modo de transporte a otro y las paradas necesarias por las condiciones de transporte. No se incluyen los transportes efectuados íntegramente dentro del perímetro de una empresa.

e. **Expedidor:** la persona física o jurídica por cuya orden y cuenta se realiza el envío de la mercancía peligrosa, para lo cual contrata el transporte figurando como tal en la carta de porte.

f. **Destinatario:** la persona natural o jurídica a la que se envía la mercancía.

g. **Cargador-descargador:** la persona física o jurídica que realiza las operaciones de carga y descarga de la mercancía.

h. **Suministrador de los medios de porte:** la persona física o jurídica que suministra los contenedores, contenedores-cisterna, vagones, vagones-cisterna, remolques o semirremolques, sean suyos o de terceros.

i. **Operador:** la persona física o jurídica, o la unidad orgánica funcional de la red ferroviaria, que gestiona y coordina el conjunto de operaciones previas a la puesta en circulación de un vagón, contenedor o un tren, o posteriores a su entrega.

j. **Administrador de la infraestructura:** cualquier entidad responsable de la explotación, mantenimiento y, en su caso, construcción de las infraestructuras ferroviarias y de la gestión de los sistemas de regulación y seguridad del tráfico.

k. **Empresa ferroviaria:** cualquier empresa privada o pública cuyo objeto principal consista en prestar servicios de transporte de mercancías y/o viajeros por ferrocarril, debiendo ser dicha empresa en todo caso quien aporte la tracción.

Los preceptos que disciplinan la materia de la que ahora se trata se contienen esencialmente en el *Reglamento de Explosivos,* aprobado por Real Decreto 130/2017, de 24 de febrero. El citado reglamento incorpora en su Anexo una serie de instrucciones técnicas complementarias a las disposiciones contenidas en su articulado.

En concreto, el transporte de explosivos por ferrocarril encuentra una amplia regulación en la **Instrucción Técnica Complementaria número 1** titulada "Seguridad ciudadana: Medidas de vigilancia y protección en instalaciones, transportes de explosivos y unidades móviles de fabricación de explosivos". Se dispone en ella lo siguiente:

Con 48 horas de antelación, toda empresa que pretenda transportar explosivos por el territorio nacional, en actividades interiores, transferencias, importación, exportación o tránsito, presentarán por cualquier medio electrónico, informático o telemático para su aprobación ante la Intervención de Armas y Explosivos de la Guardia Civil que sea la competente en función del ámbito territorial del transporte, un plan de seguridad (documento base y adenda de actualización) según el modelo aprobado por la Intervención Central de Armas y Explosivos y confeccionado por la empresa de seguridad que deba efectuarlo.

En ningún caso podrán circular dos vagones consecutivos cargados con alguna de las materias citadas.

Con carácter general, la dotación para este tipo de transportes estará integrada al menos por tres vigilantes de explosivos, siempre que los vagones cumplan las características que se determinen por orden ministerial. Uno de ellos será responsable y coordinador de toda la seguridad. En ningún caso podrán realizar tareas de carga o descarga.

Los vigilantes de seguridad deberán viajar distribuidos de la siguiente manera: uno, en el vagón tractor o en el más próximo; otro, en el vagón inmediatamente anterior del que transporte materias reglamentadas, y el otro, en el inmediatamente posterior.

En aquellos casos en que los vagones no cumplan con las especificaciones que se determinen en la orden ministerial, o cuando la Dirección General de la Guardia Civil, mediante resolución motivada, lo estime necesario por razones de seguridad, se podrá aumentar el número de vigilantes de seguridad de explosivos.

Todos los vagones estarán enlazados entre sí, con un centro de comunicaciones de una empresa de seguridad privada designada por la empresa de seguridad que efectúe el transporte, así como con los centros operativos de servicios de la Guardia Civil de las provincias de origen, destino, entrada en el territorio nacional y por las que transcurra el transporte, mediante uno o varios sistemas de comunicación que permitan la conexión, en todo momento, desde cualquier punto del territorio nacional.

La empresa de seguridad del transporte en su tramo final, tendrá los vehículos y, en su caso, el personal de dotación a la espera, treinta minutos antes de la hora prevista de llegada.

Por las características del transporte, además de estas medidas de seguridad, la Guardia Civil podrá establecer una escolta propia con el número de efectivos que considere idóneo.

Todas las incidencias que se produzcan durante el transporte se reflejarán en la guía de circulación. Si por cualquier razón se producen retrasos en la salida de origen o llegada a destino, la empresa de transporte lo pondrá en conocimiento de la Guardia Civil del lugar de la incidencia.

Todas las Comandancias conocerán el paso de transportes de explosivos por su demarcación. Para ello la Comandancia de origen lo comunicará con 24 horas de antelación a las Comandancias de paso y de destino.

Así mismo le será de aplicación lo dispuesto en la ITC número 19 relativa al «Transporte por ferrocarril».

 Actividades

21. ¿Puede realizar un vigilante de explosivos, excepcionalmente, en un servicio de transporte de explosivos por ferrocarril, labores de carga y descarga? Justifique su respuesta.
22. ¿Cómo deben distribuirse los vigilantes de seguridad en los vagones de un tren que transporte explosivos y cartuchería metálica en cantidad superior a 5.000 cartuchos?

Aplicación práctica

Hace tan solo tres meses, Francisco y su amigo Luis obtuvieron su habilitación como vigilantes de seguridad de explosivos. En la empresa para la que ya prestaban servicios como vigilantes de seguridad, les han destinado a puestos de desempeño como vigilantes de explosivos en transporte de mercancías peligrosas por ferrocarril. Ambos compañeros y amigos plantearon a su empresa la posibilidad de desempeñar sus funciones relativas a la nueva habilitación juntos y, por eso, han sido destinados a Madrid para la vigilancia de un servicio de transporte de explosivos desde esta capital hasta Huelva; explosivos destinados a su utilización en las minas de Riotinto.

A la vista del servicio que se les ha encomendado prestar juntos, ¿deberían Luis y Francisco esperar que otro vigilante de explosivos más lo desempeñe con ellos o será suficiente con ellos dos?

SOLUCIÓN

Si los dos únicos vigilantes para cubrir el servicio de transporte de explosivos son Luis y Francisco, la dotación realizada por parte de la empresa es insuficiente.

La Instrucción Técnica Complementaria número 1 anexa al Reglamento de Explosivos, titulada "Seguridad ciudadana: Medidas de vigilancia y protección en instalaciones, transportes de explosivos y unidades móviles de fabricación de explosivos", establece la necesidad de que, para la vigilancia en los servicios de transporte de explosivos, se provea por las empresas una dotación mínima de tres vigilantes de seguridad de explosivos. Uno de los tres será necesariamente el responsable y coordinador de toda la seguridad.

La presencia de los tres vigilantes de explosivos no solo es necesaria por prescripción reglamentaria, sino también imprescindible para desarrollar correctamente el servicio, ya que uno de los vigilantes deberá viajar en el vagón tractor o en el más próximo a este; otro en el vagón inmediatamente anterior al que transporte la mercancía reglamentada y uno más, en el vagón inmediatamente posterior.

Transporte de mercancías peligrosas por vía aérea

Deben tenerse presentes en este apartado las disposiciones contenidas en el Reglamento (UE) n.º 965/2012 de la Comisión, de 5 de octubre de 2012, por el que se establecen requisitos técnicos y procedimientos administrativos en relación con las operaciones aéreas en virtud del Reglamento (CE) n.º 216/2008 del Parlamento Europeo y del Consejo.

El organismo que en España se encarga de vigilar el cumplimiento de la normativa en materia de seguridad aérea es la Agencia Estatal de Seguridad Aérea.

 Sabía que...

La Agencia Estatal de Seguridad Aérea es un organismo público y tiene, entre otras competencias, además de las que su Estatuto y demás normas le atribuyen, las de garantizar la seguridad del transporte aéreo de acuerdo con los principios y normas vigentes en materia de aviación civil.

En concreto, por lo que se refiere a la actuación en materia de seguridad por parte del personal de seguridad privada, la Instrucción Técnica Complementaria número 1 del Anexo del Reglamento de Explosivos dispone al respecto lo siguiente:

Con 48 horas de antelación, toda empresa que pretenda transportar explosivos por el territorio nacional, presentará por cualquier medio electrónico, informático o telemático para su aprobación ante la Intervención de Armas y Explosivos de la Comandancia de la Guardia Civil, donde este ubicado el puerto o aeropuerto, un plan de seguridad (documento base y adenda de actualización) según el modelo aprobado por la Intervención Central de Armas y Explosivos y confeccionado por la empresa de seguridad que deba efectuarlo.

Excepcionalmente, en los supuestos de imposibilidad de transbordo directo del medio de transporte al buque o aeronave y viceversa, en los puertos y aeropuertos donde se disponga de un lugar habilitado por la Autoridad Portuaria o Aeroportuaria y previo cumplimiento de los trámites preceptivos, existirá un depósito especial para el almacenamiento de explosivos, de los regulados en el capítulo IV del título III, que estará custodiado permanentemente por al menos un vigilante de explosivos. No obstante, dicho vigilante podrá ser sustituido por medidas alternativas de seguridad aprobadas por la Intervención Central de Armas y Explosivos.

El transbordo de explosivos se realizará en la zona reservada o lugar habilitado por la autoridad portuaria o aeroportuaria y bajo la custodia de al menos un vigilante de explosivos.

En el caso de que los explosivos no se descarguen y permanezcan a bordo, el buque o aeronave será trasladado a la zona reservada o al lugar que designe la autoridad portuaria o aeroportuaria, quedando los explosivos bajo la custodia de al menos un vigilante de explosivos, a bordo si es posible y si no en sus inmediaciones. El número de vigilantes será adecuado a la cantidad de mercancía transportada y características del lugar, circunstancias éstas que serán valoradas por la Intervención de Armas y Explosivos correspondiente.

La empresa de seguridad del transporte en su tramo final, tendrá los vehículos y, en su caso, el personal de dotación a la espera, treinta minutos antes de la hora prevista de llegada.

4. Derecho penal especial. El delito de tenencia ilícita de explosivos

Con carácter general, puede definirse el derecho penal como aquella rama del ordenamiento jurídico público que se encarga del estudio de la potestad punitiva que corresponde al Estado, atribuyendo a hechos que están previstos y tipificados por la ley una consecuencia jurídica que puede ser bien una pena o una medida de seguridad.

Dentro de esta rama jurídica, el derecho penal especial se ocupa de estudiar los caracteres específicos de todas y cada una de las distintas conductas delictivas tipificadas por el ordenamiento jurídico.

Dada la especial incidencia del principio de legalidad -y, dentro de él, del de tipicidad y reserva de ley- en este ámbito jurídico-penal todas las conductas castigadas como contrarias al ordenamiento jurídico han de estar descritas y previstas por la ley, en este caso, por el Código Penal vigente, aprobado por Ley Orgánica 10/1995, de 23 de noviembre, y sus posteriores modificaciones, la última de ellas introducida por la Ley Orgánica 2/2015, de 30 de marzo.

El tipo básico de tenencia ilícita de explosivos se contiene en el **artículo 568 del Código Penal,** cuya dicción literal es la siguiente:

La tenencia o el depósito de sustancias o aparatos explosivos, inflamables, incendiarios o asfixiantes, o sus componentes, así como su fabricación, tráfico o transporte, o suministro de cualquier forma, no autorizado por las leyes o la autoridad competente, serán castigados con la pena de prisión de cuatro a ocho años, si se trata de sus promotores y organizadores, y con la pena de prisión de tres a cinco años para los que hayan cooperado a su formación.

Este artículo define como **acciones típicas** de este delito:

- La tenencia o el depósito.
- La fabricación.
- El tráfico o transporte.
- El suministro no autorizado por las leyes o la autoridad competente.

El **sujeto activo** no está cualificado en este tipo penal; por tanto, se considerará autor del delito a cualquier persona que realice alguna de las acciones típicas que se describen en el mismo.

Al estar incluido este precepto en el Libro II, Título XXII, Capítulo V del Código Penal vigente, la tenencia ilícita de explosivos es contra el orden público, la seguridad pública.

En cuanto a la consecuencia jurídica de la comisión del delito, es decir, respecto a la **pena a imponer,** el precepto del que ahora se trata diferencia dos previsiones, según el grado de participación en el delito:

- Tratándose de la participación en concepto de AUTOR (los "promotores y organizadores") se impondrá a los mismos una pena de prisión de cuatro a ocho años; una duración que se determinará por el órgano judicial sentenciador en función, entre otras, de las posibles circunstancias (eximentes, agravantes o atenuantes) que hubieran podido concurrir en la comisión del tipo delictivo.
- Tratándose de la participación en concepto de COOPERADOR, la pena prevista está modulada, rebajada, por el Código Penal respecto a la tipificada para los autores. Para el cooperador se prevé la imposición de una pena de prisión de tres a cinco años.

Importante

El concepto normativo de "explosivos" lo desarrolla, a efectos de lo previsto en el Código Penal, el Reglamento de Explosivos vigente, por lo que, conforme a su artículo 10, el delito de tenencia ilícita de explosivos deberá examinarse teniendo en cuenta como tales las siguientes sustancias:

a. Materias explosivas: materias sólidas o líquidas (o mezcla de materias) que, por reacción química, puedan emitir gases a temperaturas, presión y velocidad tales que puedan originar efectos físicos que afecten a su entorno. (...)
b. Objetos explosivos: objetos que contengan una o varias materias explosivas.

El delito de tenencia ilícita de explosivos tipificado en el artículo 568 del Código Penal español no exige para su comisión un ulterior propósito delictivo, por lo que la simple tenencia ya es suficiente para la consumación del delito al ser un delito formal y de mera actividad que se asienta en el peligro abstracto y potencial que conlleva la tenencia de los artefactos y sustancias comprendidas en el mismo, siendo el bien jurídico protegido genéricamente la seguridad pública y bastando por lo que hace al **elemento subjetivo del tipo** el conocimiento de dicha tenencia y la voluntad de dicha posesión.

Actividades

23. ¿Cómo se tipifica el delito de tenencia ilícita de explosivos en el artículo 568 del Código Penal vigente?
24. ¿Cuál es el bien jurídico protegido en el delito de tenencia ilícita de explosivos?
25. ¿Qué pena prevé el Código Penal para el autor de un delito de tenencia ilícita de explosivos?

El **artículo 569 del Código Penal** establece consecuencias jurídicas accesorias ("declaración judicial de ilicitud y su consiguiente disolución") a la vez que cualifica el objeto punible (los depósitos de explosivos, para este caso), estableciendo concretas consecuencias cuando el mismo se establezca en nombre o por cuenta de una asociación con propósito delictivo. Debe hacerse notar en este punto que en este artículo no se produce un cambio en el sujeto pasivo: el delito no será cometido por la asociación constituida con un propósito delictivo, sino por la persona o personas físicas que establezcan el repetido depósito de explosivos en nombre o por cuenta de dicha asociación. Todo ello en virtud de la aplicación del principio de personalidad que rige en el derecho penal español.

El contenido literal de este precepto reglamentario es el siguiente:

Los depósitos de armas, municiones o explosivos establecidos en nombre o por cuenta de una asociación con propósito delictivo, determinarán la declaración judicial de ilicitud y su consiguiente disolución.

Finalmente, debe hacerse referencia en este apartado al **artículo 570 del Código Penal** que se pronuncia del modo siguiente:

570.1. En los casos previstos en este capítulo se podrá imponer la pena de privación del derecho a la tenencia y porte de armas por tiempo superior en tres años a la pena de prisión impuesta.

570.2. Igualmente, si el delincuente estuviera autorizado para fabricar o traficar con alguna o algunas de las sustancias, armas y municiones mencionadas en el mismo, sufrirá, además de las penas señaladas, la de inhabilitación especial para el ejercicio de su industria o comercio por tiempo de 12 a 20 años.

El precepto tipifica una **pena accesoria** a la de prisión de la que ya se ha tratado en detalle, consistente en la privación del derecho a la tenencia y porte de armas.

Asimismo, consagra una **cualificación del sujeto activo** del delito (el delincuente que estuviese autorizado para fabricar o traficar con algunas "sustancias, armas o municiones") para tipificar una pena más, accesoria de la principal, consistente en la inhabilitación especial para el ejercicio de su industria o comercio por un periodo de tiempo comprendido entre 12 y 20 años.

Por su íntima relación con la vigilancia de seguridad de explosivos, y aun cuando no entre en directa conexión con el delito de tenencia ilícita de explosivos que es objeto de estudio el presente apartado, no podrá dejarse sin referencia explícita el contenido del **artículo 348 del Código Penal.** Este precepto se ubica sistemáticamente en el Código Penal dentro del capítulo dedicado al delito de estragos, haciendo referencia a los que pudieran causarse por explosivos, describiendo como posibles autores a quienes los fabriquen, manipulen, comercien o sean responsables de su vigilancia.

El contenido literal de este artículo es el que se expone a continuación:

348.1. Los que en la fabricación, manipulación, transporte, tenencia o comercialización de explosivos, sustancias inflamables o corrosivas, tóxicas y asfixiantes, o cualesquiera otras materias, aparatos o artificios que puedan causar estragos, contravinieran las normas de seguridad establecidas, poniendo en concreto peligro la vida, la integridad física o la salud de las personas, o el medioambiente, serán castigados con la pena de prisión de seis meses a tres años, multa de doce a veinticuatro meses e inhabilitación especial para empleo o cargo público, profesión u oficio por tiempo de seis a doce años. Las mismas penas se impondrán a quien, de forma ilegal, produzca, importe, exporte, comercialice o utilice sustancias destructoras del ozono.

348.2. Los responsables de la vigilancia, control y utilización de explosivos que puedan causar estragos que, contraviniendo la normativa en materia de explosivos, hayan facilitado su efectiva pérdida o sustracción serán castigados con las penas de prisión de seis meses a tres años, multa de doce a veinticuatro meses e inhabilitación especial para empleo o cargo público, profesión u oficio de seis a doce años.

348.4. Serán castigados con las penas de prisión de seis meses a un año, multa de seis a doce meses e inhabilitación especial para empleo o cargo público, profesión u oficio por tiempo de tres a seis años los responsables de las fábricas, talleres, medios de transporte, depósitos y demás establecimientos relativos a explosivos que puedan causar estragos, cuando incurran en alguna o algunas de las siguientes conductas:

a. Obstaculizar la actividad inspectora de la Administración en materia de seguridad de explosivos.

b. Falsear u ocultar a la Administración información relevante sobre el cumplimiento de las medidas de seguridad obligatorias relativas a explosivos.

c. Desobedecer las órdenes expresas de la Administración encaminadas a subsanar las anomalías graves detectadas en materia de seguridad de explosivos.

 ## Aplicación práctica

Pedro y su compañera sentimental, Ana, viven, sin título legitimador alguno, en un piso que ocuparon hace ya dos años en las afueras de Madrid. El inmueble está ubicado en un barrio extremadamente conflictivo donde el alcohol y las drogas circulan con facilidad, y donde las peleas y enfrentamientos entre bandas están a la orden del día.

Durante uno de estos altercados en el que, a altas horas de la noche, participaban Pedro y otros compañeros, aquel exhibió un arma semiautomática, marca Astra 600, para cuya tenencia y uso carecía de permiso y licencia, amenazando con utilizarla frente a sus oponentes y realizando, de hecho, dos disparos al aire que fueron percibidos por los vecinos del inmueble donde Pedro habita con Ana.

Recibida la oportuna denuncia en las dependencias policiales y habiendo sido identificado Pedro por uno de los vecinos de su inmueble, con la oportuna autorización del Juzgado de Instrucción competente, se llevó cabo la entrada y registro por la policía del domicilio de Pedro y Ana, encontrándose allí los siguientes efectos, que fueron incautados:

I Dos artefactos preparados para estallar, integrados por azufre, nitrato potásico y carbón, con sus correspondientes cables para posibilitar la inmediata iniciación eléctrica, y lleno en su interior de tornillos, envueltos ambos artefactos en cinta aislante consiguiendo así un elemento compacto manejable.
I Un conjunto eléctrico formado una batería de seis elementos conectada a un temporizador mecánico.
I Una trituradora.
I Una báscula de cocina electrónica.
I Un puente incandescente y pólvora fina.
I Diversos recipientes que contenían azufre, nitrato potásico, carbón, acetona -producto altamente inflamable-, ácido nítrico, reactivo con la acetona y ácido acético, sulfato cálcico, butano, ácido sulfúrico, glicerina, metanol y nitrometano.

A la vista de los hechos descritos y de las sustancias incautadas en su domicilio, ¿en qué

Continúa en página siguiente >>

<< Viene de página anterior

tipo o tipos penales podría encuadrarse la actuación de Pedro? Razone su respuesta.

SOLUCIÓN

El artículo 568 del Código Penal castiga el delito de tenencia ilícita de explosivos que, desde un punto de vista objetivo, castiga la mera conducta de la tenencia o depósito de sustancias y aparatos explosivos, inflamables, incendiarios o asfixiantes, o de sus componentes; todo ello careciendo de la oportuna autorización, poniendo en riesgo el bien jurídico de la seguridad pública.

A la vista de los materiales y sustancias incautados, Pedro habría cometido, en concepto de autor, un delito de tenencia ilícita de explosivos ya que, además de sustancias explosivas consideradas así por sí mismas (pólvora, metanol y nitrometano) almacenaba además otras sustancias con cuya mezcla se puede conseguir un explosivo, tal como es conocido; esto es, azufre, nitrato potásico y carbón, para conseguir pólvora.

En este caso, se aprecia la concurrencia del elemento subjetivo exigible para la comisión del delito puesto que Pedro era consciente de que en su domicilio almacenaba sustancias y elementos peligrosos, sin estar autorizado para ello, que ponían en riesgo la seguridad pública en general.

---

5. Resumen

Reguladas en la Ley de Seguridad Privada como una especialidad dentro de las genéricas de vigilancia de seguridad, en su artículo 32.3 dispone esta norma legal que las funciones que corresponden a los vigilantes de explosivos son esencialmente la protección del almacenamiento, transporte y demás procesos inherentes a la ejecución de estos servicios, en relación con explosivos u otros objetos o sustancias peligrosas que reglamentariamente se determinen, añadiendo que se aplicará a aquellos lo establecido para los vigilantes de seguridad en cuanto a uniformidad, armamento y prestación del servicio. El ejercicio de estas funciones resulta incompatible con cualquier otra propia del personal de seguridad privada, aunque el profesional esté habilitado de forma múltiple para ello. Para la obtención de la habilitación como vigilante de seguridad de explosivos es preciso reunir los requisitos generales previstos en el artículo

28.1 de la Ley de Seguridad Privada, así como el específico de haber obtenido previamente la habilitación como vigilante de seguridad.

También son funciones del vigilante de explosivos la protección inmediata de las fábricas, talleres y depósitos de explosivos, regulados en el Reglamento de Explosivos y en sus Instrucciones Técnicas Complementarias; la vigilancia y custodia de las mercancías que sean objeto de transporte (por carretera, por ferrocarril, marítimo, por vía fluvial, en embalses y aéreo), desde el momento de salida de su origen hasta la entrega final al destinatario, y la adopción de las medidas de seguridad necesarias para garantizar la protección debida en caso de emergencia, comunicando inmediatamente cualquier incidencia a la Comandancia o puesto de la Guardia Civil más cercano, que lo transmitirá al órgano administrativo competente.

El capítulo estudiado recoge los preceptos más relevantes para la función del vigilante de explosivos, contenidos tanto en el Reglamento de Artículos Pirotécnicos y Cartuchería vigente, como en el Reglamento General de Normas Básicas de Seguridad Minera, y en el Real Decreto que regula las Operaciones de Transporte de Mercancías Peligrosas por Carretera en Territorio Español.

El tipo básico de la tenencia ilícita de explosivos se contiene en el artículo 568 del Código Penal. El artículo 348 del mismo texto legal citado tipifica el delito de estragos causados por material explosivo y se refiere en su apartado 2 a los que pudieran causar los responsables de vigilancia, control y utilización de los explosivos.

Ejercicios de repaso y autoevaluación

1. Señale si la siguiente afirmación es verdadera o falsa: "El Reglamento de Explosivos, en su artículo 87, dispone que las fábricas de explosivos deberán contar con un sistema de alarma eficaz en conexión con la unidad de la Guardia Civil".

    ☐ Verdadero
    ☐ Falso

2. ¿Qué se requerirá a las personas ajenas a la fábrica de explosivos para su acceso?

    a. El documento nacional de identidad.
    b. Un permiso escrito de la dirección de la fábrica.
    c. Firmar en un libro de visitas.
    d. Todas las opciones son correctas.

3. Relacione los siguientes elementos con las diferentes distancias:

    a. Entre dos polvorines auxiliares de explosivos.
    b. Entre un polvorín auxiliar de explosivos y otro de detonadores.
    c. Entre un polvorín auxiliar y núcleos urbanos.
    d. Entre un polvorín auxiliar y vías de comunicación.

    __ 1,5 m
    __ 8 m
    __ 100 m
    __ 125 m

4. Dentro de las fábricas de explosivos se denomina _____ al área de terreno en la que se encuentran situados edificios peligrosos, entre los que puede existir edificios no peligrosos.

    a. área limitada
    b. zona peligrosa
    c. edificios peligrosos
    d. terreno restringido

5. Señale si la siguiente afirmación es verdadera o falsa: "En los talleres de carga de cartuchería no se puede acceder a los depósitos desde las oficinas".

□ Verdadero
□ Falso

6. En una fábrica de explosivos podrá sustituirse la vigilancia humana por una seguridad física cuando...

a. ... no esté el director de la fábrica.
b. ... no esté en horario de producción.
c. ... tenga la consideración de depósito a efectos de seguridad.
d. ... se encuentre en horario nocturno.

7. ¿Qué se entiende por polvorín?

_____
_____
_____
_____

8. ¿Quién custodia las llaves de los depósitos de explosivos y sus polvorines?

a. El director del depósito en una caja fuerte habilitada para ello.
b. Intervención de Armas y Explosivos o en su caso la empresa de seguridad.
c. Una empresa externa.
d. No hay custodia de llaves de los depósitos.

9. Clasifique los siguientes requisitos para obtener la habilitación de vigilante de seguridad de explosivos, siendo (1) requisito general y (2) requisito específico.

a. Ser mayor de edad.
b. Tener la habilitación de vigilante de seguridad.
c. Carecer de antecedentes penales.
d. No haber sido separado de las Fuerzas y Cuerpos de Seguridad.

10. ¿Cuándo se contará con una empresa de seguridad si el transporte de cartuchería metálica se realiza por medios marítimos o aéreos?

    a. Siempre.
    b. Cuando la cantidad supera los 5.000 cartuchos.
    c. Cuando la cantidad supera los 10.000 cartuchos.
    d. Por medios aéreos siempre, marítimos cuando supera los 2.500 cartuchos.

Capítulo 2
Medios de protección y control de accesos

Contenido

1. Introducción

Es indudable que los recursos humanos son los principales medios con los que cuentan las empresas de seguridad para desarrollar las labores de vigilancia y protección en el ámbito de la seguridad privada.

Sin embargo, el más adecuado rendimiento de los profesionales de este sector pasa necesariamente por el conocimiento exhaustivo de cuáles son los medios técnicos puestos a su disposición por las mismas empresas para llevar a cabo las funciones que les son propias.

Quien se dedique, en el ámbito privado, a la protección de personas y bienes, tanto muebles como inmuebles, deberá, pues, ser capaz de reconocer todos aquellos elementos que integran la llamada "seguridad física" y aquellos otros que los más modernos avances tecnológicos permiten aplicar dentro de la conocida como "seguridad electrónica". Tanto unos como otros se utilizarán, según se verá más adelante, de modo complementario y no excluyente.

En esta unidad se analizarán los diferentes sistemas de protección activos y pasivos que se pueden utilizar para maximizar la seguridad de un recinto, así como la finalidad y el procedimiento que debe llevar a cabo el vigilante de seguridad en el control de acceso.

2. Los medios técnicos de protección. Elementos pasivos: la seguridad física. Sistemas de cierre perimetral. Y elementos activos: seguridad electrónica. El circuito cerrado de televisión. Fiabilidad y vulnerabilidad al sabotaje

En consideración a los elementos que los integran, los medios técnicos de protección pueden clasificarse en pasivos y activos. Los primeros configuran la seguridad física; los segundos, la seguridad electrónica.

Previamente, sin embargo, al análisis de cada uno de ellos, convendrá dejar expuestas una serie de consideraciones generales sobre unos y otros.

2.1. Los medios técnicos de protección

Todos los medios (activos y pasivos) de protección respetarán la normativa reguladora vigente en el ámbito de la seguridad privada; deberán, por ello, estar debidamente homologados, certificados o verificados.

Para determinar cuándo un producto reúne estas características será necesario acudir a las que al respecto contiene la Ley 5/2014, de 4 de abril, de Seguridad Privada, y que ahora se reproducen:

Se entiende por medidas de seguridad privada todas aquellas disposiciones adoptadas para el cumplimiento de los fines de prevención o protección pretendidos (artículo 2.5).

Se considera personal de seguridad privada a aquellas personas físicas que, habiendo obtenido la correspondiente habilitación, desarrollan funciones de seguridad privada (artículo 2.8).

Un elemento, producto o servicio homologado es aquel que reúne las especificaciones técnicas o criterios que recoge una norma técnica al efecto (artículo 2.13).

Finalmente, define la Ley de Seguridad Privada un elemento, producto o servicio acreditado, certificado o verificado como "aquel que lo ha sido por una entidad independiente, constituida a tal fin y reconocida por cualquier Estado miembro de la Unión Europea".

 Sabía que...

Una norma técnica UNE conforme a lo dispuesto en el artículo 8, apartado 3, de la Ley 21/1992, de 16 de julio, de Industria, es una especificación técnica de aplicación repetitiva o continuada cuya observancia no es obligatoria. Se establece con participación de todas las partes interesadas y es aprobada por un organismo que es internacionalmente reconocido por su actividad normativa. Mediante las normas UNE se unifican criterios respecto a determinadas materias y se hace posible el uso de un lenguaje común en un campo de actividad concreto.

2.2. Elementos pasivos: la seguridad física

En el ámbito de la seguridad privada, los **elementos pasivos** de los medios técnicos de protección integran la llamada seguridad física y tienen como finalidad eliminar o, al menos, disminuir la posibilidad de que una amenaza o riesgo se llegue a producir.

En general, sirven para incrementar el tiempo de alarma-reacción, esto es, aquel periodo en el que la concreta acción contra la que se establece la protección puede llegar a darse.

 Ejemplo

Una valla de alambre de dos metros puede ser sorteada por una persona que disponga de los medios adecuados (tenazas para cortar acero, por ejemplo), no obstante, este medio de seguridad ralentizará a la persona delincuente.

Estos elementos son habitualmente incluidos en el Plan de Seguridad del recinto o establecimiento de cuya protección se trata y forman parte de los distintos círculos de protección que configuran el sistema de seguridad diseñado en función del nivel de seguridad que se establezca en cada caso. Hay cuatro **niveles de seguridad** que son clasificados como: **Grado 1 (de bajo riesgo), Grado 2 (de riesgo bajo/medio), Grado 3 (de riesgo medio/alto) y Grado 4 (de alto riesgo)**, reservado este último, por ejemplo, a las denominadas infraestructuras críticas, instalaciones militares o/y establecimientos que almacenen material explosivo reglamentado.

Los círculos de protección que integran el sistema de seguridad pueden clasificarse, a su vez, en elementos de protección perimetral propiamente dichos, de protección interior o periférica y protección de bienes (en este caso, de bienes muebles).

2.3. Sistemas de cierre perimetral

Dentro del concepto genérico de sistemas de cierre perimetral, y en función de los distintos círculos de protección a los que se acaba de hacer referencia, pueden distinguirse los siguientes **medios:**

a. **Protección perimetral propiamente dicha:** es la integrada por elementos de carácter estático y permanente. En general, deben contar con un acceso peatonal independiente. Se incluyen en este apartado:

- Cerramientos: pueden englobarse entre estos los muros (que son los elementos de protección perimetral de mayor seguridad), vallas, alambradas, concertinas, fosos, etc.
- Sistemas de acceso: tales como cancelas, barreras, esclusas, etc., en sus distintas modalidades.
- Barreras decorativas: tales como jardineras, columnas, etc.

b. **Protección interior o periférica:** son los elementos que protegen los huecos habituales en las edificaciones (puertas, ventanas, claraboyas, etc.). Se incluyen en este apartado:

- Puertas de seguridad común, blindadas y acorazadas.
- Cristales blindados, rejas y parrillas en ventanas o huecos de ventilación.
- Cabinas y mostradores.

c. **Protección de bienes:** en este caso, la protección viene referida en exclusiva a bienes muebles y pueden incluirse en esta categoría:

- Cajas fuertes (ancladas a pared o suelo, o empotradas).
- Cámaras acorazadas, que contarán con un dispositivo de apertura con un temporizador.

Actividades

1. ¿Qué tipo de elementos (activos o pasivos) integran la llamada "seguridad física"?
2. Cite al menos tres elementos de protección perimetral.

Muros

El muro es el elemento de protección perimetral de mayor seguridad y cumple una importante función disuasoria.

Sus elementos constructivos (hormigón, metal u otros materiales de gran resistencia) permiten garantizar una adecuada protección frente a ataques de todo tipo, incluidos los perpetrados con explosivos y proyectiles. Como medida adicional de seguridad pueden estar coronados por otros elementos impeditivos, tales como alambre de espino.

Muro de seguridad de hormigón

Vallas

Junto con el muro de seguridad, las vallas de protección son los elementos de seguridad perimetral más completos por su efecto disuasorio e impeditivo de la intrusión. Pueden levantarse con variados elementos constructivos tales como telas metálicas, malla de alambre, madera, rejas, etc.

Vallado perimetral de seguridad

Los dos tipos de cerramientos que se acaban de mencionar permiten el establecimiento de controles de acceso mediante **cancelas** y **barreras de detención;** estas últimas especialmente para vehículos. Las barreras pueden integrarse por una barra que se alza o recoge de modo manual o electrónico o por un dispositivo instalado en el suelo, dotado de elementos punzantes.

Puertas

Dentro de los sistemas de protección perimetral, las puertas son elementos de protección periférica que dan acceso al interior de la edificación, protegiendo el correspondiente hueco.

Dentro de esta categoría de elementos debe diferenciarse entre puertas blindadas y puertas acorazadas.

Blindadas

Son blindadas aquellas puertas que sirven de elemento de protección frente a la intrusión y que carecen de función estructural para la edificación. Están compuestas principalmente de madera tratada y de algún tipo de refuerzo de acero, bien en la hoja, bien en el cerco. Según la Norma UNE 1627:2021, a diferencia de las puertas acorazadas, no tienen propiamente la consideración de puertas de seguridad.

No obstante, su uso es obligado, según el Reglamento de Seguridad Privada [artículo 127.1.d)] en joyerías, platerías, galerías de arte y tiendas de antigüedades, debiendo garantizar en estos casos una resistencia al impacto manual del nivel que se determine, en todos los accesos al interior del establecimiento, provista de los cercos adecuados y cerraduras de seguridad. También suelen utilizarse en los accesos a domicilios particulares.

Acorazadas

Las puertas acorazadas cumplen también, como las blindadas, una función de protección frente a la intrusión y carecen de la consideración de elemento estructural de la edificación. Se diferencian de estas últimas, sin embargo, en que las acorazadas están fabricadas en acero tanto en la hoja como en el cerco. Suelen cerrar el hueco de acceso a bóvedas acorazadas y otros recintos protegidos.

Puerta acorazada

 Actividades

3. ¿Cuál es el efecto común que producen tanto los muros como las vallas de protección?
4. ¿Qué tipo de puertas son las que tienen fabricados en acero tanto la hoja como el cerco?

Cristales blindados

El artículo 127.2 del Reglamento de Seguridad Privada exige a los establecimientos de joyería, platerías, galerías de arte y tiendas de antigüedades, la instalación de cristales blindados, del nivel que se determine, en escaparates en los que se expongan objetos preciosos cuyo valor en conjunto sea superior a 90.151,82 €. Esta protección también será obligatoria para las ventanas o huecos que den al exterior.

Los blindajes pueden ser opacos y transparentes o traslúcidos. Los cristales blindados transparentes, antibala, se usan generalmente para la protección de los habitáculos que albergan las cajas en entidades bancarias, los vehículos blindados u otro tipo de recintos. En función de su nivel de resistencia protegerán de golpes o de agresiones perpetradas con proyectiles de distinto calibre.

Esclusas

Las esclusas son elementos de paso entre dos posiciones, compuestos de dos puertas que facilitan el acceso al interior de una concreta área o recinto. La particularidad de las esclusas es que las dos puertas que las componen no se abren simultáneamente, salvo estrictamente en casos de emergencia, y no permiten la comunicación directa desde el exterior del recinto o inmueble con el interior del mismo.

Como elemento adicional, las esclusas pueden estar complementadas por un arco detector de metales.

Acceso de seguridad por medio de esclusas

Otros elementos de protección

Junto a los ya expuestos, son también elementos de seguridad perimetral los siguientes:

- **Alambradas:** son estructuras compuestas por alambres de acero con púas y trenzadas mediante la torsión continua del alambre.
- **Concertinas:** están compuestas de un tipo de alambre de cuchillas fabricado en acero galvanizado con puntas. Se usa para la creación de cerramientos que obstaculicen de modo eficaz la intrusión sobre determinadas zonas protegidas.
- **Rejas:** son elementos generalmente fijos que protegen los huecos de ventanas en edificaciones. Pueden estar constituidas por barrotes metálicos de acero macizo, formando una red o una malla. Se sujetan al marco de la ventana (si este es metálico) o pueden ir empotradas en la pared que las rodea.
- **Cabinas y mostradores:** generalmente estarán dotados de cristales blindados y pueden utilizarse como cabinas de protección o garitas de vigilancia.

Valla perimetral coronada por concertina

2.4. Elementos activos: seguridad electrónica

Son **elementos activos** de los medios técnicos de protección aquellos que proporcionan, de manera visible u oculta, pero siempre por vía electrónica, la seguridad del bien a proteger.

Su función esencial consiste en producir una alerta local y/o remota cuando cualquiera de los medios de seguridad física ya estudiados puedan ser, o hayan sido de hecho, quebrantados.

Así como los elementos pasivos son medios que sirven para garantizar la seguridad física, los elementos activos de los que se trata en este apartado servirán esencialmente para cumplir con la llamada seguridad electrónica. Estos medios responden, en general, a un esquema básico que permite diferenciar en ellos los siguientes elementos: una red, una fuente de alimentación, un equipo de seguridad, los detectores y los señalizadores, generalmente acústicos o lumínicos.

Dentro de este tipo de medios de protección se encuentran los **detectores** que, con carácter general, pueden definirse como aquellos dispositivos electrónicos que permiten llevar a cabo la vigilancia de una zona o área concreta, ya esté ubicada en el interior o en el exterior de un inmueble, de modo que, cuando se inicia la situación de alarma, pueden producir una señal que es transmitida al equipo de seguridad; ello, a su vez, activará en este determinadas respuestas, bien **acústicas** (sirenas), bien **gráficas** (mediante la grabación y transmisión de imágenes a través de una videocámara) o **luminosas,** que permitirán constatar que se ha producido una intrusión e incluso identificar al sujeto o sujetos que la hayan consumado.

En relación con lo anterior, hay que aclarar que los detectores **exteriores** son los que se sitúan en la zona perimetral (en la perimetral propiamente dicha y/o en la periférica) de la edificación de cuya protección se trata; y los **interiores,** por el contrario, son los que se instalan dentro de una edificación cuando determinados habitáculos de la misma, o toda ella en su conjunto, requieren una protección más intensa. Son, pues, unos y otros complementarios y sirven a la finalidad de garantizar de modo integral la seguridad buscada.

De igual modo, junto a los elementos de detección, hay que incluir entre los medios activos de protección los que se podrían identificar como "señalizadores", esto es, los elementos que emiten las respuestas cuando se desencadena la señal de alarma y que pueden ser, como se ha comentado, de tipo acústico (sirenas), óptico (iluminación por sorpresa, luz dirigida al objetivo, *flashes,* etc.), por medio de telecomunicación (radio, teléfono) y por circuito cerrado de televisión (que puede también incorporar aparatos de grabación). Estos medios presentan la ventaja de la sorpresa y/o la disuasión para el intruso, al tiempo que avisan de la perpetración del hecho delictivo.

Los detectores que desencadenan la señal de alarma lo hacen: al percibir un movimiento (son los detectores volumétricos, que pueden actuar por microondas, por ultrasonidos, por sonidos o luz), por rotura del objeto protegido o por presión sobre el propio elemento de detección.

En general, se consideran también incluidos en esta categoría las barreras de infrarrojos, los detectores que actúan por contacto (en las puertas de algún mueble, por ejemplo) y los detectores sísmicos (aquellos que descubren la vibración originada por explosivos o por determinadas herramientas, tales como las de presión hidráulica y los taladros).

Igualmente se incluyen entre los elementos detectores los de lazo magnético (cuya utilidad principal es la apertura de puertas automáticas o barreras) y las "cortinas de luz" para garantizar la seguridad de puertas automáticas.

También debe hacerse referencia a las "alfombras de seguridad" (que son detectores de presión diferencial que se instalan en interiores y se activan cuando se pisa sobre las mismas o, por el contrario, cuando desaparece el peso que soportan) y, de modo similar a tales alfombras, a los detectores de presión que se instalan subterráneamente, en exteriores, en terrenos donde la protección perimetral sería difícil o nula, y que al ser invisibles incrementan su eficacia.

Actividades

5. ¿Cómo se califica la seguridad que proporcionan los elementos activos de protección?
6. Defina el término "detector" como elemento activo de los medios técnicos de protección, describiendo brevemente su modo de funcionamiento.

2.5. El circuito cerrado de televisión

Según el Diccionario de la Real Academia Española, este conjunto terminológico puede definirse básicamente como un "sistema autónomo de transmisión que solo puede ser captado por uno o más monitores en un lugar determinado".

Sabía que...

El término "circuito cerrado de televisión" suele identificarse con las siglas CCTV que, a su vez, corresponden al acrónimo en inglés del mismo término *(Closed Circuit Television)*.

El término "cerrado" que se incluye en el CCTV que ahora se estudia se utiliza en un doble sentido: primero, para poner de manifiesto que los componentes del circuito se encuentran interconectados en una trayectoria cerrada en sí misma, en la que circula un flujo de corriente eléctrica que es producida y consumida a la vez por los elementos que integran el propio circuito; segundo, y no menos relevante, para indicar que las imágenes captadas por el CCTV no serán visionadas por el público en general, como suele ocurrir con todas las emisiones televisivas, sino por contadas personas.

Desde la perspectiva de la seguridad privada, un CCTV es propiamente un elemento electrónico que sirve a la finalidad de garantizar la seguridad deseada mediante la aplicación de una tecnología basada en la videovigilancia. Se podrán usar CCTV en interiores y recintos privados exteriores siempre que se cuente con la autorización de su propietario. En cuanto a la grabación de imágenes en espacio público, no se podrá realizar con fines de seguridad privada salvo que se cuente con la autorización administrativa del órgano competente.

Este medio de protección presenta indudables ventajas sobre los otros medios, especialmente en relación con los personales:

- Permitir reducir el número del personal dedicado a vigilancia.
- Contribuye a disminuir los riesgos para quienes prestan sus servicios en el lugar protegido mediante este dispositivo.

 Recuerde

El circuito cerrado de televisión también cumple una importante función disuasoria.

En principio, un CCTV puede estar compuesto tan solo de una o más cámaras de vigilancia que se conectan a uno o más monitores que reproducen las imágenes que dichas cámaras captan. Sin embargo, en la práctica, la mejora del sistema suele incluir la conexión dentro del circuito de otros componentes, tales que permitan la grabación de las imágenes capturadas.

Componentes de un CCTV

En general, pueden incluirse en un CCTV los componentes que se describen a continuación.

Captadores de imagen

Este tipo de elementos se integra por las cámaras que recogen las imágenes del lugar o lugares protegidos. Generalmente, se instalan de modo fijo en lugares estratégicamente escogidos en función de la extensión y condiciones del terreno a proteger, incluyendo un sistema de visión nocturna, y se controlan de manera remota -por un operador situado en una sala- mediante operaciones realizadas a través de un ordenador.

Suelen estar conectadas a un sistema de detección de movimiento de modo que, cuando algo se mueve delante de la cámara, se desencadena la situación de alerta que producirá, al tiempo que se visualizan y, en su caso, se graban las imágenes, las respuestas previstas a partir de la actuación de los detectores.

Dentro de estos componentes de captación de imagen existen en el mercado multitud de modelos que responden a las distintas necesidades de seguridad requeridas. Entre ellos, pueden encontrarse las cámaras fijas y con movimiento, cámaras de exterior (adaptadas para soportar las inclemencias meteorológicas), cámaras de interior (con diseños adecuados a la propia estructura del lugar protegido, buscando la discreción del elemento), cámaras infrarrojas para visión nocturna, cámaras inalámbricas (que suprimen los cables, eliminando así un elemento susceptible de sabotaje), cámaras con alarma, cámaras ocultas, con posibilidad de *zoom* (para acercamiento del visionado a un concreto objetivo), etc.

Cámara fija y cámara con movimiento

Cámara inalámbrica y captador de imagen con cámara oculta

Igualmente es necesario diferenciar entre las cámaras IP y las cámaras analógicas, pues la conveniencia de usar uno u otro tipo de componentes de grabación dependerá de la finalidad a la que hayan de servir.

 Sabía que...

Las siglas IP responden al término inglés *Internet Protocol* (Protocolo de Internet). Genéricamente, hacen referencia a un número que permite identificar de modo único la interfaz de un ordenador o de otra máquina que está conectada a una red y que, para desarrollar su funcionalidad, emplea un protocolo de internet.

Las **cámaras IP,** además de captar imágenes, las digitalizan y procesan, codificándolas para su remisión a un ordenador a través de una conexión Ethernet (por cable) con una red de área local (en inglés *Local Area Network,* conocida con las siglas LAN), o mediante el uso de wifi o tecnología inalámbrica, con lo que la red de área local quedaría identificada como WLAN.

En cuanto a las **cámaras analógicas,** indicar que son utilizadas tradicionalmente en el ámbito de la seguridad. Recogen las imágenes, y las muestran mediante su conexión a un receptor apropiado, usando para ello la misma tecnología que las televisiones convencionales; esto es el cable coaxial. Conectadas a un aparato de grabación, pueden servir también a la finalidad de almacenamiento de las imágenes captadas en el lugar protegido.

De igual modo, es posible la conexión de estas cámaras IP a una red más extensa (en inglés, *Wide Area Network,* conocida con las siglas WAN) que permite la transmisión de las imágenes a cualquier ordenador o equipo conectado a una red local aunque dicho equipo esté ubicado en otro lugar distinto, es decir, la transmisión de las imágenes se producirá a cualquier equipo identificado que disponga de una conexión a internet.

 Ejemplo

El ejemplo prototípico de cámara IP con tecnología WAN es el de aquella que recoge las imágenes en el interior de un domicilio y las transmite, vía Internet, al titular del domicilio, a un dispositivo receptor (ordenador portátil o, incluso, teléfono móvil) que no se encuentra conectado a la misma red local que la cámara y puede ubicarse en cualquier parte del mundo.

Debe tenerse en cuenta que la monitorización, grabación, tratamiento y registro de imágenes y sonidos por parte de los sistemas de videovigilancia estarán siempre sometidos a lo previsto en la normativa en materia de protección de datos personales.

Reproductores de imagen

Son aquellos componentes que permiten reproducir las imágenes captadas por las cámaras. Los reproductores de imagen son los monitores donde las mismas se visualizan. Pueden ser similares a una televisión convencional, aunque también hay que incluir dentro del concepto las pantallas de ordenadores y otros dispositivos a los que pueden, mediante la tecnología de Internet, ser remitidas las imágenes captadas.

El tamaño del monitor habrá de ser adecuado a la distancia desde la que el operador habrá de visualizar las imágenes, pudiendo ofrecer o bien una sola imagen procedente de cada cámara instalada, o bien sucesivas imágenes individualizadas procedentes de cada una de las cámaras que componen el CCTV, o bien, varias imágenes simultáneamente captadas por las distintas cámaras.

Monitor-reproductor de imágenes múltiples

Grabadores de imagen

Son aquellos componentes del CCTV que reciben y almacenan las imágenes transmitidas por las cámaras de seguridad.

Estas grabaciones pueden archivarse en un soporte informático mediante el uso del *software* adecuado.

Según la Ley de Protección de Datos Personales y garantía de unos derechos digitales, esta información se eliminará transcurrido un mes, salvo cuando tuviera que ser conservada para acreditar la comisión de actos que atenten contra la integridad de personas, bienes o instalaciones. En este caso, las imágenes se pondrán a disposición de la autoridad competente, respetando los criterios de conservación y custodia, en un plazo máximo de setenta y dos horas después que se tuviera conocimiento de la existencia de la grabación.

Transmisores de la señal de vídeo

Son los componentes del circuito que transportan una señal de vídeo desde la cámara al monitor y, en su caso, al grabador de imágenes.

Elementos de control

Son aquellos que permiten seleccionar las imágenes que se visualizan en el monitor o que deben grabarse.

Se incluyen en esta categoría de componentes los mandos remotos que controlan las cámaras móviles.

De acuerdo con la normativa sobre seguridad privada, el control sobre los dispositivos de captación, transmisión y recepción de imágenes será realizado por personal debidamente habilitado.

Videosensores

Son unos componentes esenciales en el CCTV que detectan, dentro de un vídeo, si se ha producido un movimiento o cambio en la continuidad de la señal transmitida.

Estos elementos, examinando cualquier variación en la señal de vídeo recibida, permiten identificar, dentro de una imagen captada por la cámara, si se ha producido algún movimiento en una concreta parte de dicha imagen.

 Actividades

7. ¿A qué términos responden las siglas CCTV?
8. ¿Cuáles son los seis componentes esenciales de un CCTV?

2.6. Fiabilidad y vulnerabilidad al sabotaje

La seguridad de personas y bienes debe ser buscada y conseguida de modo integral. Por ello, los medios de protección utilizados a tal efecto han de configurarse de modo complementario ya que, por sí solo, ninguno de los que se han examinado es capaz de proporcionar una protección completa.

En cuanto a los **medios de seguridad pasiva,** considerando que su función esencial es incrementar el tiempo en que una posible acción sobre el objeto de protección puede llegar a producirse, es posible afirmar que cuantos más medios de control pasivo existan mejor quedará protegido el objeto frente al riesgo de intrusión.

Ciertamente los elementos de seguridad pasiva, aunque sean altamente disuasorios, son también bastante vulnerables, por lo que es esencial complementarlos con alguno de los medios de seguridad electrónica estudiados.

Por lo que se refiere a la fiabilidad de los **elementos activos de protección** la misma resulta ser alta, especialmente si se implantan atendiendo a la más avanzada tecnología que sirve a la fabricación e incorporación, cada vez más frecuentemente, de componentes antisabotaje.

En cualquier caso, puede afirmarse que los medios activos de protección facilitan, en general, un alto grado de seguridad en la respuesta si bien habrá de contarse con la posibilidad de que se den falsas alarmas, ya que al ser elementos expuestos en muchas ocasiones en el exterior de los inmuebles, los mismos podrían ser objeto de daños intencionados, ocasionados por actos antisociales, vandálicos, que, aun no encaminados expresamente a quebrantar la seguridad prestada, pueden producir una interferencia no deseada en la prestación del servicio.

Aplicación práctica

Álvaro es vigilante de seguridad y, aunque habitualmente presta servicios en un centro comercial en la capital de la provincia, vive, sin embargo, en una pequeña localidad de las afueras.

En el polígono industrial que hay en este pequeño pueblo, existe una pequeña nave que un familiar de Álvaro, empresario mayorista de artículos de droguería, se propone adquirir para dedicarla al almacenamiento de los productos que después distribuiría entre los comerciantes minoristas de la zona.

Álvaro acompaña a su familiar a visitar el entorno donde se ubica la citada nave y observa que la misma está situada en un terreno que está meramente deslindado del de las naves vecinas a través de una frágil alambrada.

Sin perjuicio de los planes específicos de autoprotección que fuera preciso implantar por razón de la actividad a la que dedicaría la nave que piensa adquirir el familiar, y que deberían ser redactados por el personal de seguridad privada especialmente habilitado a tal efecto, ¿qué medidas de seguridad física y electrónica podría recomendar Álvaro a su familiar para proteger la instalación frente a posibles riesgos de intrusión?

SOLUCIÓN

En primer lugar, debería atenderse a la necesidad de proteger el recinto en el que se ubica la nave mediante algún elemento pasivo que sustituyese la simple alambrada que delimita la propiedad y que cumpliera, a su vez, una finalidad disuasoria y de protección frente a posibles actos de intrusión. Para ello, podría levantarse un muro o erigirse una valla, de unos dos metros y medio de altura, a modo de cierre perimetral, que podrían estar coronados por otro elemento impeditivo como el alambre de espino de la alambrada ya existente.

Adicionalmente a este medio pasivo de protección, podrían instalarse los correspondientes medios de seguridad electrónica, tales como un circuito cerrado de televisión, con cámaras instaladas en el propio muro o en postes que sustentaran la valla perimetral y detectores de exterior que podrían colocarse dentro del recinto e, incluso, en las fachadas de la propia nave a modo de protección periférica. Los detectores, que podrían estar conectados a una central receptora de alarmas, podrían ir acompañados de elementos varios de señalización de la alarma de modo que emitieran una señal acústica indicativa del intento de intrusión, una señal luminosa o incluso, si las cámaras instaladas lo permiten, que procedieran a grabar imágenes del recinto.

Continúa en página siguiente >>

<< Viene de página anterior

Igualmente, sería útil la instalación de elementos de protección tales como rejas y parrillas en ventanas y claraboyas de la propia nave industrial, así como una puerta de seguridad blindada que fuera un obstáculo más para la penetración dentro del lugar donde se almacena el material, en el caso de que los primeros medios de seguridad perimetral hubieran podido ser quebrantados.

3. El control de accesos. Finalidad. Organización: medios humanos y materiales. Procedimiento de actuación: identificación, autorización, tarjeta acreditativa y registro documental de acceso

El término **control de accesos** puede ser explicado desde una doble perspectiva: **desde un punto de vista funcional,** sirve para definir todas aquellas actuaciones que el personal de seguridad realiza a la entrada de un edificio, inmueble o instalación objeto de protección, encaminadas a impedir que ingresen en el mismo personas que no están debidamente autorizadas y/o identificadas, objetos de los que pudiera derivarse una amenaza o riesgo para bienes y personas ocupantes de tales inmuebles o vehículos no autorizados o que no hayan sido oportunamente identificados. Y **desde una perspectiva espacial,** se denomina también control de accesos al lugar donde se desarrollan las actuaciones descritas.

La base normativa para el establecimiento de controles de acceso se encuentra esencialmente en el artículo 32.1.b) de la Ley 5/2014, de 4 de abril, de Seguridad Privada, que establece como función a desempeñar por los vigilantes de seguridad la de efectuar controles de identidad, de objetos personales, paquetería, mercancías o vehículos, incluido el interior de estos, en el acceso o en el interior de inmuebles o propiedades donde presten servicio, sin que, en ningún caso, puedan retener la documentación personal, pero sí impedir el acceso a dichos inmuebles o propiedades.

Del referido precepto se deriva además que, en el caso de que la persona sometida a control se negare a exhibir la identificación requerida o a permitir el control de los objetos personales, de paquetería, mercancía o del vehículo, el vigilante de seguridad estará automáticamente facultado para impedir a los particulares el acceso o para ordenarles el abandono del inmueble o propiedad objeto de su protección.

3.1. Finalidad

A partir de lo que hasta aquí se ha expuesto, puede afirmarse que el objetivo perseguido con el establecimiento de un control de accesos es de naturaleza indudablemente preventiva, sirviendo al tiempo para controlar el flujo de personas (y también de vehículos y otros objetos) en el inmueble objeto de protección, garantizando que quienes (o lo que, en el caso de tratarse de objetos) ingresen en el mismo estén debidamente identificados y autorizados, debiendo serle impedido el ingreso en caso contrario.

 Ejemplo

En algunas explotaciones mineras existe un depósito de explosivos, que es el lugar destinado al almacenamiento de las materias explosivas y sus accesorios, y está sometido a la normativa reglamentaria correspondiente. Dado el riesgo que representa el acceso a dicho depósito por personas no autorizadas, es importante que el control de acceso se establezca en este caso de modo preventivo desde el mismo ingreso a las instalaciones exteriores de los trabajos subterráneos, con el fin de evitar anticipadamente la posibilidad de que se produzca en este depósito alguna intrusión que pudiera poner en peligro la seguridad del propio intruso y del personal que trabaja en la explotación.

3.2. Organización: medios humanos y materiales

La organización de los recursos, humanos o materiales, disponibles con una finalidad específica habrá de ajustarse siempre a las necesidades contempladas.

Ejemplo

La organización de los medios humanos y materiales que requiere la prestación de un servicio de control de accesos en un aeropuerto internacional claramente no puede ser la misma que la necesaria cuando este tipo de servicios se presta para controlar el acceso a un edificio donde se ubican las oficinas de una empresa. El número de personas que atiendan el servicio y los medios materiales usados tendrán que ser diferentes atendiendo, entre otros aspectos, al flujo de personas que tendrían que atravesar uno y otro control de accesos.

Para que un control de accesos sea eficaz se requiere obviamente que su ejecución se produzca antes del ingreso en el área perimetral o, como mucho, en la periférica, del inmueble a proteger. Deberá, por ello, contarse con un medio o sistema (de esclusas o pasillos, por ejemplo) que redirija el flujo de personas u objetos que pretendan ingresar en el mismo de modo que el repetido control pueda realizarse de modo exhaustivo, ordenado y sistemático, con las menores molestias posibles para los usuarios.

Cualquier control de los que aquí se tratan deberá contar con un mecanismo o sistema de registro de las personas que accedan al edificio, facilitándoles una identificación que les permita acceder a una u otra área del mismo (a fin de poder controlar, incluso, su movilidad dentro del inmueble, una vez que dicho ingreso se ha producido) y que deberá devolver al propio personal del control de accesos, quedando así constancia de su salida.

Pueden distinguirse, en general, tres **tipos de controles de accesos:**

- **Control manual o personal:** el que lleva a cabo por sí solo, mediante la mera observación, el personal de seguridad privada.
- **Control semimanual:** aquel en el que se utilizan equipos electrónicos para apoyar la labor del personal encargado del control.
- **Control automático:** el que se lleva a cabo enteramente mediante la actividad de equipos electrónicos.

En cuanto a los **medios humanos,** al estar incluidas las funciones esenciales que se desarrollan en un control de accesos entre las que establece la Ley de Seguridad Privada para los vigilantes de seguridad, es posible afirmar que las mismas serán ejercidas tan solo por quienes estén expresamente habilitados con tal condición, no pudiendo realizarse, por tanto, por cualquier otro tipo de personal. El número de profesionales que deberá atender el control se establecerá en función de las necesidades del mismo que, a su vez, serán determinadas en atención a los riesgos que sea necesario impedir.

En referencia a los **medios materiales,** modernamente todo control de accesos estará dotado de una serie de recursos electrónicos que permitan realizar una identificación a través de una tarjeta o mediante parámetros biométricos previamente registrados (huellas dactilares, retina, reconocimiento facial, etc.). Estos medios electrónicos podrán funcionar de modo autónomo, cuando se trate de gestionar la seguridad de personas y siempre que no sea requerida al tiempo la supervisión de algún evento a desarrollar en el interior del inmueble, o de modo centralizado.

Se encontrarán, pues, en las posiciones donde se ubique el control de accesos, alguno o algunos de los elementos que a continuación se citan:

- Arcos detectores de metales.
- Detectores manuales.
- Escáner de objetos.
- Escáner de correspondencia.
- Elementos detectores de explosivos, incluidos los que sirven a detectarlos en vehículos, incluyendo los equipos de perros detectores.
- Lectores de tarjetas, bien de contacto o de proximidad.
- Dispositivos de identificación biométrica.
- Ordenador y *software* correspondiente.

Arco detector de metales y detector de metales manual

Detector de explosivos. Indicado para inspeccionar los bajos de un vehículo.

Lector de tarjeta integrado y lector biométrico de huella dactilar

Actividades

9. Busque productos comercializados con la finalidad de servir en un control biométrico de accesos, a través de la retina, y describa brevemente sus características.
10. Busque las "Preguntas Frecuentes" que publica en su página oficial la Agencia Estatal de Seguridad Aérea respecto al procedimiento de certificación de Equipos de Perros Detectores de Explosivos. Reproduzca una de ellas y su correspondiente respuesta.

3.3. Procedimiento de actuación: identificación, autorización, tarjeta acreditativa y registro documental de acceso

De lo que hasta aquí se ha expuesto puede concluirse que el control de accesos es un medio activo cuya función preventiva resulta muy eficaz en la protección de los inmuebles y, por tanto, también de personas que habitual o eventualmente los ocupan.

La función del vigilante de seguridad en el control de accesos se desarrolla en las siguientes **etapas básicas:** identificación, autorización, registro y acceso, y salida.

Identificación

En esta fase se desenvuelve todo un proceso mediante el cual se validan las credenciales de quien pretende acceder al inmueble. Se comprueba la identidad de la persona mediante el examen del documento oficial que la acredite o, en su caso, mediante una credencial que demuestre suficientemente su vinculación con la entidad o evento que alberga el edificio al que se pretende acceder. En todo caso, será necesario que el documento contenga una fotografía que identifique el rostro de la persona que pretenda lograr el acceso.

Autorización

En esta fase se procederá a comprobar si la persona identificada está o no facultada para entrar en el recinto del que se trate. Esta labor puede realizarse comprobando manual o informáticamente los listados diarios o semanales de visitas autorizadas u otros documentos que de forma específica determinen qué personas están autorizadas para un concreto ingreso. También, excepcionalmente, puede realizarse esta labor de comprobación mediante una llamada a una persona que tenga competencia para autorizar el acceso.

En el caso de que el acceso sea denegado se devolverán al interesado sus credenciales y los efectos personales que hubieran podido ser exhibidos por aquel.

Si en esta actuación se detectase el uso de una documentación (de identificación o acreditativa) falsa se procederá a retener a la persona que la portara y hubiera intentado hacer uso de ella, y se comunicará tal circunstancia de inmediato a las Fuerzas y Cuerpos de Seguridad.

Registro y acceso

Superadas las fases anteriores, se procederá al **registro documental** de los datos personales en el correspondiente libro o registro (manual o informático), consignando igualmente la hora de entrada. Se proveerá entonces al visitante de un distintivo que le permitirá desplazarse, bien por la totalidad del recinto protegido, bien por una zona determinada del mismo si su autorización es limitada a la misma (puede ser a una planta concreta o a una determinada dependencia).

El distintivo al que se ha hecho referencia suele ser una **tarjeta acreditativa** que deberá ser portada por el autorizado de modo visible durante todo el tiempo que dure su estancia en el recinto o inmueble. Se entregará, así, una tarjeta que permita comprobar en cualquier momento (mediante las adecuadas iniciales) si el portador de la misma es un visitante, un empleado, un proveedor, etc. Debe señalarse, no obstante, que este tipo de tarjetas pueden ser facilitadas de modo tanto permanente como temporal. Las primeras se utilizarán por el personal que habitualmente trabaje en el edificio o recinto; las segundas, por los visitantes ocasionales, cualquiera que sea el motivo del ingreso.

Debe recordarse, respecto a esta fase, que el artículo 77 del Reglamento de Seguridad Privada autoriza al vigilante de seguridad, en los controles de accesos o en el interior de los inmuebles de cuya vigilancia y seguridad estuviese encargado, a realizar controles de identidad de las personas y, si procede, a impedir su entrada, sin retener la documentación personal. En su caso (también lo autoriza la disposición reglamentaria), tomarán nota del nombre, apellidos y número del documento nacional de identidad o documento equivalente de la persona identificada, objeto de la visita y lugar del inmueble a que se dirigen, dotándola, cuando así se determine en las instrucciones de seguridad propias del inmueble, de una credencial que le permita el acceso y circulación interior; credencial que deberá ser retirada, como a continuación se verá, al finalizar la visita.

Salida

Una vez verificado el desarrollo correcto de la visita, la persona a la que se haya autorizado el acceso deberá abandonar el edificio o recinto por el lugar adecuado, donde deberá requerírsele la devolución de la tarjeta acreditativa, si esta fuese temporal. Se anotará igualmente en el libro correspondiente o registro la hora a la que se produzca dicha salida.

Ejemplo

Amanda trabaja en el control de accesos de un aeropuerto y en una de las revisiones de equipaje ha detectado que una señora quiere pasar con un spray de pimienta. Observa a continuación cómo actúa Amanda para impedir la entrada de dicho spray en el avión.

I Amanda: señora, este spray está considerado como un objeto peligroso y no puede llevarse en cabina.
I Señora: no lo sabía, de todas formas necesito llevarlo porque me da seguridad, pero le prometo que no lo usaré en el avión.
I Amanda: lo siento señora, pero no puede viajar con un objeto de esta naturaleza. Debe depositarlo en esta papelera.
I Señora: no pienso deshacerme de mi spray, ¡déjeme pasar!
I Amanda: le repito que está totalmente prohibido viajar con ese producto, no puedo permitir que pase con él.

Continúa en página siguiente >>

<< Viene de página anterior

I Señora: este spray es nuevo y me ha costado muy caro, ¿quién me lo va a pagar si te lo dejo aquí?

I Amanda: si no quiere perderlo, tiene usted la opción de facturarlo en el equipaje o volver a su vehículo y dejarlo allí.

 Aplicación práctica

Claudia es vigilante de seguridad y desde hace un año presta servicios en el control de acceso del edificio donde una empresa privada tiene sus oficinas y lleva a cabo la gestión de sus actividades.

Una mañana, sobre las 11:00, actuando de conformidad con los protocolos establecidos, Claudia requirió a una persona que venía a realizar unas gestiones en las oficinas de Administración, situadas en la primera planta del edificio, que se identificase, mostrándole su DNI, lo que la persona visitante hizo sin oposición ninguna. Comprobando que el documento correspondía a la persona que lo exhibía, Claudia se sentó en el mostrador del puesto de control y se dispuso a escanearlo, dado que estaba previsto que el registro correspondiente se hiciera a través de medios informáticos.

En ese momento, la persona visitante, oponiéndose a dicha acción, requirió a la vigilante de seguridad la devolución de su DNI, lo que, en efecto, hizo aquella al tiempo que le denegaba a la persona identificada el acceso al interior del edificio.

¿Fue reglamentariamente correcta la decisión de Claudia?

SOLUCIÓN

En este caso, la decisión adoptada por la vigilante de seguridad fue ajustada a los protocolos establecidos conforme a lo dispuesto en el Reglamento de Seguridad Privada.

Una vez que había procedido a identificar a la persona que pretendía acceder al interior del edificio, y que se comprobó que aquella era un cliente de la empresa que, por tanto, podía realizar algún tipo de gestión en la oficina a la que pretendía acceder, en la primera planta, Claudia debía tomar nota de los datos de identificación de la visitante (nombre, apellidos y número del DNI); datos que obran en el propio documento que se exhibió.

Continúa en página siguiente >>

<< Viene de página anterior

A estos efectos, el escaneo del DNI era asimilable a la función que, reglamentariamente (artículo 77 del Reglamento de Seguridad Privada), debía llevar a cabo, registrando los datos correspondientes. Si no existía un Libro en papel, para llevar a cabo manualmente el registro o anotación correspondiente, también es conforme a la normativa de aplicación la realización de dicha anotación mediante el uso de medios informáticos, bien en un registro telemático o, en su caso, mediante la incorporación directa al fichero correspondiente de los documentos escaneados. Todo ello dando por supuesto que el fichero de datos al que se pretendía incorporar el documento escaneado reunía los requisitos previstos en la Ley de Protección de Datos de Carácter Personal y en las disposiciones reglamentarias que la desarrollan.

A partir de lo anterior, fue correcta la actuación de Claudia, devolviendo el DNI a su titular e impidiendo el acceso de la visitante a las oficinas, ya que el procedimiento no había podido ser completado por la negativa del propio cliente.

 ### Aplicación práctica

Claudia es vigilante de seguridad y desde hace un año presta servicios en el control de accesos del edificio donde una empresa de mensajería tiene sus oficinas principales.

Sobre las 10 h del pasado miércoles, llegaron al control de accesos dos personas: la primera, una mujer de mediana edad que, muy calmadamente, dijo que venía a presentar una reclamación por la entrega tardía de un paquete que debía haber llegado a su destino en un plazo inferior a veinticuatro horas. Esta persona acudió a las oficinas sin portar su DNI, aunque sí una tarjeta sanitaria; la segunda persona era un hombre de aproximadamente sesenta años que, una vez que se hubo identificado mediante su DNI, manifestó que, aunque no le había avisado previamente de su visita, su intención era simplemente saludar al Sr. García, jefe de recursos humanos de la empresa, al que, dijo, le unía una cercana relación de amistad desde sus años de universidad.

1. ¿Qué debería hacer Claudia en relación con la mujer de mediana edad? Razone su respuesta.
2. ¿Cuál sería el modo de proceder correcto en relación con la segunda persona, el hombre de unos sesenta años? Razone su respuesta.

Continúa en página siguiente >>

<< Viene de página anterior

SOLUCIÓN

1. En relación con la primera persona, pese a la intención declarada (poner una reclamación) y a su aspecto ciertamente tranquilo y calmado, Claudia debe negarle el acceso al recinto de la empresa dado que no es posible su identificación. Quien pretenda acceder al interior debe pasar previamente el control de accesos identificándose, lo que, tratándose de una persona ajena a la empresa, deberá hacerse mediante la presentación de un documento oficial que acredite su identidad (DNI, pasaporte, etc.). No es válida a estos efectos la presentación de una mera tarjeta sanitaria puesto que, aun siendo un documento público, no sirve para la identificación visual de la persona que dice ser titular de la misma ya que no contiene ninguna fotografía.

    Claudia deberá, por tanto, devolver a la mujer el documento que ha exhibido, y cualesquiera otros objetos personales que hubiera podido mostrar, y denegarle el acceso.

2. En relación con la segunda persona, el hombre de edad madura, una vez que el mismo quedó correctamente identificado, Claudia debe proceder a comprobar si el visitante cuenta con la debida autorización. Aunque el mismo no había anunciado previamente su visita, Claudia comprueba si su nombre aparece en el listado de visitas previstas para ese día y, al no ser así, puede proceder a realizar una llamada al propio Sr. García, jefe de recursos humanos, al que dice el visitante que quiere saludar. Si el Sr. García muestra su conformidad, se entenderá que el visitante está autorizado para acceder al interior del edificio. En este caso, Claudia deberá proceder a realizar el registro documental en el correspondiente libro o registro (manual o informático), consignando los datos personales del visitante y la hora de entrada, dándole acceso a través de los medios electrónicos que, en su caso, estuviesen previstos. Una vez que haya accedido, dará al visitante una tarjeta que acredite su autorización para ir a la planta correspondiente, donde tenga su despacho el jefe de recursos humanos, advirtiendo a aquel que deberá portarla en lugar visible durante todo el tiempo que dure su estancia en el edificio. Si es necesario, le indicará o acompañará hasta el lugar al que deba dirigirse el visitante. Una vez que se haya verificado el objeto del acceso, la persona visitante deberá abandonar el edificio por el lugar indicado a tal efecto, donde se le requerirá la devolución de la tarjeta acreditativa y se anotará en el libro o registro correspondiente la hora de salida.

4. Resumen

Los medios técnicos de protección pueden clasificarse en pasivos y activos. Los primeros son los que garantizan la seguridad física; los segundos actúan dando lugar a la llamada seguridad electrónica.

Los elementos pasivos de protección son los componentes de los medios de seguridad física y tienen como finalidad eliminar o, al menos, disminuir la posibilidad de que una amenaza o riesgo se llegue a producir. Sirven, en general, para incrementar el tiempo de alarma-reacción.

Los elementos activos de protección, por su parte, integran los medios técnicos que proporcionan la seguridad electrónica y tienen como misión principal la de producir una alerta local y/o remota cuando cualquiera de los medios de seguridad física pueda ser, o haya sido de hecho, quebrantado.

Entre los elementos pasivos se encuentran muros, vallas, puertas, cristales blindados, esclusas, rejas, concertinas, alambradas, cabinas y mostradores. Y entre los elementos activos se encuentran los detectores y sistemas CCTV.

El control de accesos puede definirse como el conjunto de actuaciones que el personal de seguridad realiza a la entrada de un edificio, inmueble o instalación objeto de protección, encaminadas a impedir que ingresen en el mismo personas que no están debidamente autorizadas y/o identificadas, objetos de los que pudiera derivarse una amenaza o riesgo para bienes y personas ocupantes de tales inmuebles o vehículos no autorizados o que no hayan sido oportunamente identificados. El procedimiento de actuación en estos casos abarca las fases de identificación, autorización, acceso y registro (documental o mediante tarjeta acreditativa) y salida.

Ejercicios de repaso y autoevaluación

1. Determine si la siguiente oración es verdadera o falsa: "En el ámbito de la seguridad privada, los elementos activos de protección integran la llamada 'seguridad física'".

    ☐ Verdadero
    ☐ Falso

2. Clasifique los siguientes elementos de protección siendo (A) los activos y (P) los pasivos:

    a. Detector o sensor de movimiento
    b. Muro
    c. Concertina
    d. CCTV

3. Las puertas acorazadas son aquellas que...

    a. ... están fabricadas en acero solo en la hoja.
    b. ... están fabricadas en acero solo en el cerco.
    c. ... están fabricadas en acero tanto en la hoja como en el cerco.
    d. ... se consideran como un elemento estructural de la edificación.

4. Complete la definición propuesta utilizando, donde proceda, los siguientes términos: dispositivos, gráficas, señal, luminosas, interior, acústicas y exterior.

Los detectores son _____ electrónicos que pueden instalarse en el _____ y/o _____ de un recinto o inmueble y que, al darse la situación de alarma, transmiten una _____ al equipo de seguridad, lo que activará determinadas respuestas que pueden ser _____, como las sirenas, _____ mediante la grabación y transmisión de imágenes a través de una videocámara, o _____, tales como un foco.

5. Los detectores que desencadenan una señal de alarma al percibir un movimiento se denominan:

    a. Detectores por rotura
    b. Detectores por presión
    c. Detectores volumétricos
    d. Detectores móviles

6. ¿Cuál de los siguientes elementos es un componente de un circuito cerrado de televisión?

    a. Cámara inalámbrica
    b. Vídeo
    c. Cable coaxial
    d. Barrera de infrarrojos
    e. Señalizador acústico
    f. Mando remoto

7. El control de accesos en el que se utilizan equipos electrónicos para apoyar la labor del personal encargado del mismo es un control...

    a. ... manual.
    b. ... personal.
    c. ... automático.
    d. ... semimanual.

8. Encuentre las etapas básicas que integran el procedimiento de actuación en un control de accesos en la siguiente sopa de letras:

A	V	P	C	K	S	F	E	I	J	S	J	Ñ	I
Z	E	F	L	X	U	B	B	I	Z	E	J	D	H
C	K	A	E	I	L	H	G	L	D	Y	E	I	A
L	K	P	H	B	S	D	J	U	G	N	S	A	P
J	O	H	B	R	E	G	I	S	T	R	O	S	C
E	Ñ	S	F	G	E	A	D	I	L	A	S	K	X
C	U	G	E	A	B	R	F	U	V	Z	A	Ñ	E
Z	M	Ñ	H	C	A	I	H	L	C	D	E	P	Y
U	B	S	X	D	C	E	K	A	V	Y	J	V	A
S	J	F	M	A	E	A	I	D	H	K	H	V	I
N	O	I	C	A	Z	I	R	O	T	U	A	J	G
U	L	I	P	K	I	F	E	P	U	L	F	S	A
J	O	P	S	D	Z	Ñ	B	V	B	U	E	X	V
N	E	M	M	D	E	S	L	Ñ	V	B	I	S	C

9. ¿Cuál de los elementos electrónicos puede ser encontrado en un control de accesos?

    a. Detector manual
    b. Escáner de correspondencia
    c. Barrera de infrarrojos
    d. Arco detector de metales
    e. Lector de tarjetas
    f. Detector de explosivos

10. El distintivo que se entregará en el control de accesos a un visitante y que le permitirá desplazarse por el recinto ilimitadamente o por una zona determinada se denomina genéricamente:

    a. Tarjeta de visita
    b. Tarjeta de control
    c. Tarjeta acreditativa
    d. Tarjeta biométrica

Capítulo 3
Técnicas de protección y defensa

Contenido

1. Introducción

En la vigilancia, transporte y distribución de objetos valiosos o peligrosos y explosivos, se hace necesaria en la actualidad la protección mediante defensas que exceden de la dotación habitual de un vigilante de seguridad.

Teniendo en cuenta los riesgos de las actividades a desarrollar en estos casos, en función de la peligrosidad de las materias que son objeto de custodia y protección, es claro que las mismas requieren la adopción de medidas de seguridad reforzadas respecto de las que son usuales en el ámbito de la seguridad privada. Estas medidas de seguridad son objeto de regulación tanto en la Ley de Seguridad Privada como en el Reglamento de Armas puesto que, en la prestación de los servicios propios de esta especialidad, por las razones expuestas, se hace preciso el uso de armas de fuego.

Por la naturaleza de los explosivos y el peligro que implícitamente entrañan por sus posibles efectos, y por el hecho de que eventualmente pudieran caer en manos de quienes no los destinarían al uso industrial que en la actualidad les es propio, el portar armas de fuego por el vigilante de explosivos se prevé no solo como una medida disuasoria, sino también claramente defensiva para el supuesto, no meramente hipotético, de que se produjese un ataque o intrusión en los lugares de fabricación, almacenamiento y transporte de explosivos.

Dado que este personal habitualmente precisará trabajar con armas de fuego, se hace necesario e imprescindible que el aspirante a esta especialidad conozca las armas reglamentadas, cuáles son los componentes esenciales de las mismas, y, claro está, que tenga cumplido conocimiento del manejo de las armas, así como de su adecuado mantenimiento y limpieza.

Estas circunstancias son las que determinan la necesidad de garantizar una adecuada actuación profesional, si fuera preciso, pero siempre observando de modo ineludible la seguridad tanto de la propia persona que trabaja con armas de fuego como de lo que constituye el objeto de su protección.

En esta unidad se analizará la normativa referente a las armas de fuego, especialmente en lo que respecta al vigilante de seguridad de explosivos, y se darán las pautas para el uso, mantenimiento y limpieza de las armas de acuerdo a las normas generales y específicas de seguridad.

2. Armamento. Tipología de la armas reglamentarias del vigilante de seguridad de explosivos

Desde que las armas de fuego aparecieron, han sufrido a lo largo de la historia una clara evolución. Así, desde las más simples y primitivas -que eran meros tubos de hierro cerrados por un extremo y abiertos por el otro para su carga- hasta las más modernas y sofisticadas que pueden encontrarse hoy en el mercado, todas tienen una serie de características definitorias que se exponen a lo largo del presente apartado.

2.1. Armamento

Con el término **armamento** se hace referencia genérica al conjunto de armas y equipo que utiliza un cuerpo armado o un individuo. Un arma es, por tanto, todo utensilio utilizado para defenderse o atacar, siendo el concepto de arma de fuego el que viene referido a aquella arma que utiliza la combustión de gases para lanzar un proyectil empleando pólvora u otro explosivo.

Son múltiples las clasificaciones que admiten las armas de fuego. En este capítulo se expondrán algunas de las más relevantes, esto es, las que permiten diferenciar las armas según su sistema de disparo, su utilización, según la forma de transporte, por su calibre, por la forma interior del cañón, por la forma de carga o por el tamaño del arma.

Clases de arma de fuego por el modo de carga

La manera y lugar en que se introduce la carga en un arma de fuego para la realización de un disparo lleva a la siguiente clasificación:

- **De avancarga:** es aquella en la que la carga de los elementos necesarios para el disparo (pólvora, proyectil) se introduce por la boca del cañón. Estas armas utilizaban baquetas para introducir, a base de golpes, la carga y el proyectil. Eran armas de avancarga las clásicas pistolas de duelo, los mosquetes y los trabucos.

■ **De retrocarga:** son las se cargan por la recámara ubicada en la parte media trasera del arma. Son de retrocarga todas las armas de fuego que existen en la actualidad.

Armas de avancarga

Clases de armas de fuego según su tamaño

La clasificación de las armas de fuego según el tamaño implica que, según la medida completa del arma o de una de sus partes, pueda distinguirse entre:

■ **Arma corta:** es un arma de fuego cuyo cañón no excede de 30 cm o cuya longitud total no supera los 60 cm. Estas armas están diseñadas con poco peso y volumen para que sean portadas con facilidad. Se pueden disparar con una sola mano y no necesitan apoyo alguno para su uso. Puede diferenciarse en este grupo entre pistolas y revólveres.

■ **Arma larga:** se identifica como tal cualquier arma de fuego cuyo cañón exceda de 30 cm o cuando su longitud total supere los 60 cm. Para su uso es necesario apoyarlas en el hombro al estar provistas de culata y se precisan las dos manos debido a su volumen. Son armas largas los rifles, fusiles y escopetas.

Clases de armas de fuego según la forma interior del cañón

Siendo la parte interior de los cañones de las armas la llamada **ánima,** puede hacerse la siguiente clasificación:

- **Armas de ánima lisa:** son las armas cuyo cañón no presenta en su interior ninguna estría o dibujo, siendo totalmente liso desde el principio hasta el final.
- **Armas de ánima rayada o estriada:** en este tipo de armas, el interior de los cañones o ánimas está rayado por varias hendiduras en bajo relieve de forma helicoidal (con forma de hélice), provocando en los proyectiles, al momento de ser expulsados, una rotación sobre su eje que proporciona estabilidad direccional en su trayectoria.

Clases de armas de fuego según el sistema de disparo

La forma en la que un arma de fuego realiza los disparos de manera consecutiva, permite su clasificación en:

- **Arma de un solo tiro:** son aquellas con las que solo se puede efectuar un disparo. Necesitan la apertura del arma y la extracción manual de la vaina para introducir de nuevo un cartucho a fin de volver a realizar un disparo. Es un arma de fuego sin depósito de municiones. El ejemplo paradigmático de arma de un solo tipo es la escopeta de caza.
- **Arma de repetición:** son las que se recargan por el tirador después de cada disparo, accionando un mecanismo manual como el de un cerrojo, corredera o palanca, introduciendo así un cartucho en la recámara que, previamente, se ha alojado en un cargador. Los revólveres son típicas armas de repetición.
- **Arma semiautomática:** son aquellas que se recargan y expulsan la vaina automáticamente con cada accionamiento del disparador o gatillo, siendo necesario volver a accionar este para volver a realizar un disparo. Las pistolas son armas semiautomáticas.
- **Arma automática:** son las que se recargan automáticamente después de cada disparo y permiten realizar varios disparos sucesivos, mientras permanezca accionado el disparador. Tienen estas armas un selector de

tiro que permite seleccionar el tiro automático o semiautomático. Son armas automáticas tanto las ametralladoras como los fusiles.

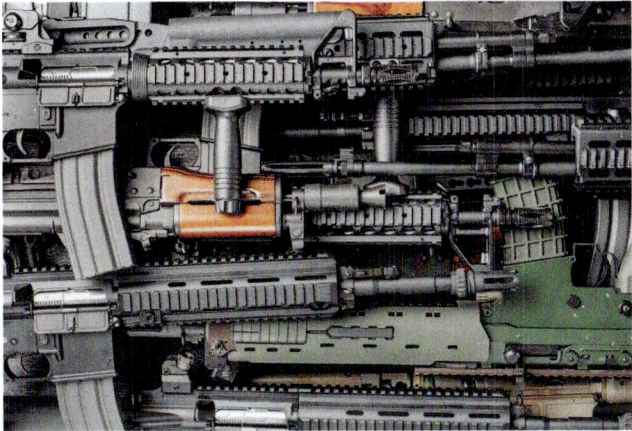

Armas automáticas

 Sabía que...

Hasta 1907 no se adoptó una ametralladora para apoyar a la infantería en España. El arma elegida fue la conocida Hotchkiss mod. 1899 que se utilizaba en el ejército francés y se cambió su recámara para poder utilizar la munición del calibre de los fusiles Mauser 1893 que empleaba el ejército español.

Más allá, sin embargo, de las clasificaciones que pueden realizarse en atención a los criterios expuestos, un adecuado estudio de las armas de fuego por parte del personal de seguridad privada exige necesariamente el conocimiento de la clasificación normativa que de ellas establece el Reglamento de Armas, aprobado por el Real Decreto 137/1993, de 29 de enero (con sus posteriores modificaciones, la última por el Real Decreto 653/2023, de 18 de julio).

Así, el artículo 3 del Reglamento de Armas consagra la siguiente clasificación, diferenciando por categorías las siguientes:

Se entenderá por "armas" y "armas de fuego" reglamentadas, cuya adquisición, tenencia y uso pueden ser autorizados o permitidos con arreglo a lo dispuesto en este reglamento, los objetos que, teniendo en cuenta sus características, grado de peligrosidad y destino o utilización, se enumeran y clasifican en el presente artículo en las siguientes categorías:

1.ª categoría:

Armas de fuego cortas: comprende las pistolas y revólveres.

2.ª categoría:

1. *Armas de fuego largas para vigilancia y guardería: son las armas largas que reglamentariamente se determinen por Orden del Ministerio del Interior o mediante decisión adoptada a propuesta o de conformidad con el mismo, como específicas para desempeñar funciones de vigilancia y guardería.*

2. *Armas de fuego largas rayadas: se comprenden aquellas armas utilizables para caza mayor. También comprende los cañones estriados adaptables a escopetas de caza, con recámara para cartuchos metálicos, siempre que, en ambos supuestos, no estén clasificadas como armas de guerra.*

3.ª categoría:

1. *Armas de fuego largas rayadas para tipo deportivo, de calibre 5,6 mm (.22 americano), de percusión anular, bien sean de un disparo, bien de repetición o semiautomáticas.*

2. *Escopetas y demás armas de fuego largas de ánima lisa, o que tengan cañón con rayas para facilitar el plomeo, que los bancos de pruebas reconocidos hayan marcado con punzón de escopeta de caza, no incluidas entre las armas de guerra.*

3. *Armas accionadas por aire u otro gas comprimido, sean lisas o rayadas, siempre que la energía cinética del proyectil en boca exceda de 24,2 julios.*

4.ª categoría:

1. *Carabinas y pistolas, de tiro semiautomático y de repetición; y revólveres de doble acción, accionadas por aire u otro gas comprimido no asimiladas a escopetas.*

2. *Carabinas y pistolas, de ánima lisa o rayada, y de un solo tiro, y revólveres de acción simple, accionadas por aire u otro gas comprimido no asimiladas a escopetas.*

5.ª categoría:

1. Las armas blancas y en general las de hoja cortante o punzante no prohibidas.

2. Los cuchillos o machetes usados por unidades militares o que sean imitación de los mismos.

6.ª categoría:

1. Armas de fuego antiguas o históricas, sus reproducciones y asimiladas, conservadas en museos autorizados por el Ministerio de Defensa, si son dependientes de cualquiera de los tres Ejércitos, y por el Ministerio del Interior, en los restantes casos.

2. Las armas de fuego cuyo modelo o cuyo año de fabricación sean anteriores al 1 de enero de 1890, y las reproducciones y réplicas de las mismas, a menos que puedan disparar municiones destinadas a armas de guerra o a armas prohibidas.

   La antigüedad será fijada por el Ministerio de Defensa, que aprobará los prototipos o copias de los originales, comunicándolo a la Dirección General de la Policía y de la Guardia Civil, ámbito de la Guardia Civil.

3. Las restantes armas de fuego que se conserven por su carácter histórico o artístico, dando cumplimiento a lo prevenido en los artículos 107 y 108 del presente reglamento.

4. En general, las armas de avancarga.

7.ª categoría:

1. Armas de inyección anestésica capaces de lanzar proyectiles que faciliten la captura o control de animales, anestesiándolos a distancia durante algún tiempo.

2. Las ballestas.

3. Las armas para lanzar cabos.

4. Las armas de sistema "Flobert".

5. Los arcos, las armas para lanzar líneas de pesca y los fusiles de pesca submarina que sirvan para disparar flechas o arpones, eficaces para la pesca y para otros fines deportivos.

6. Los revólveres o pistolas detonadoras y las pistolas lanzabengalas.

8.ª categoría:

1. Arcas acústicas y de salvas.

9.ª categoría:

1. Armas inutilizadas.

 Para saber más

Puedes acceder a través del siguiente enlace a un artículo en el que se muestra el funcionamiento de las armas con sistema flobert.

https://redirectoronline.com/mf00820301

 Actividades

1. ¿Qué se entiende por arma "de avancarga"? ¿Cuál es la diferencia esencial con las armas denominadas "de retrocarga"?
2. Describa las características esenciales de un "arma semiautomática".

2.2. Tipología de las armas reglamentarias del vigilante de seguridad de explosivos

El ejercicio de las funciones propias del vigilante de explosivos exigirá a este profesional la obtención de una licencia de armas tipo C, pues es la que habilita para la prestación de servicios con armas por el personal de seguridad privada.

Licencia de armas para seguridad privada

De acuerdo con las disposiciones contenidas en el Reglamento de Armas, a las que se hará referencia detallada a continuación, la licencia de armas tipo C tiene validez únicamente cuando se están prestando servicios de seguridad, nunca cuando su titular no se encuentre de servicio.

Este tipo de licencia podrá, igualmente, ser suspendida de manera temporal por no realizar o por obtener resultados negativos en los ejercicios de tiro regulados en el Reglamento de Seguridad Privada (Real Decreto 2364/1994, de 9 de diciembre) y también quedará sin validez una vez que haya cesado el titular en el desempeño del puesto por el cual le fue concedida, siendo a estos efectos indiferente cuál hubiese sido la causa del cese.

En su **Artículo 124,** el Reglamento de Armas establece:

*Las licencias C podrán autorizar un arma de las categorías **1.ª, 2.ª1 o 3.ª2,** o las armas de guerra a las que se refiere el apartado 3 del artículo 6 de este reglamento, según el servicio a prestar, de conformidad con lo dispuesto en la respectiva regulación o, en su defecto, de acuerdo con el dictamen emitido por la Comisión Interministerial Permanente de Armas y Explosivos.*

La licencia C, de acuerdo con este precepto reglamentario, permite, según las categorías que se han detallado en el apartado anterior, portar y usar armas de fuego cortas (tanto pistolas como revólveres), armas de fuego largas para vigilancia y guardería que determine el Ministerio del Interior y las escopetas y armas de fuego largas marcados como escopetas de caza.

Dada la remisión que el artículo 124 citado hace al artículo 6.3 del Reglamento de Armas, será útil mencionar que este último precepto se refiere a las armas de guerra que pueden adquirir las empresas de seguridad que prestan servicios de vigilancia en buques.

La licencia C, según ya se ha expuesto por establecerlo así la normativa sectorial, podrá ser suspendida temporalmente cuando el titular de la misma no haya realizado los preceptivos ejercicios de tiro o cuando, habiéndolos efectuado, haya obtenido en ellos resultados negativos.

Respecto a los ejercicios de tiro obligatorios, la Resolución de 28 de febrero de 1996, de la Secretaría de Estado de Interior, por la que se aprueban las instrucciones para la realización de los ejercicios de tiro del personal de seguridad privada, establece lo siguiente:

4. Fechas

Como norma general, los ejercicios de tiro del personal de seguridad, se realizarán:
Vigilantes de seguridad y guardas particulares del campo:
Primer semestre: durante los meses de marzo, abril y mayo.
Segundo semestre: durante los meses de septiembre, octubre y noviembre.
(...)

10. Ejercicio a realizar y consumos

Los ejercicios a realizar por los vigilantes de seguridad privada, según normas del anexo 1, serán los siguientes:

1. Vigilantes de seguridad:

  Arma corta: revólver 4 pulgadas calibre 38.

  Primer semestre:

  Tiro de puntería:

   ▌ *3 disparos (una serie) de prueba.*
   ▌ *24 disparos (4 series de 6) de puntuación.*

  Tiro instintivo:

   ▌ *4 disparos (2 series de 2) de prueba.*
   ▌ *6 disparos (3 series de 2) puntuables.*
     Total: 37 cartuchos.

 Segundo semestre:
   Igual que el primer trimestre, con un cartucho más de prueba en tiro de puntería.
   Total: 38 cartuchos.
   Total anual: 75 cartuchos.

Distancias:
Tiro de puntería: 25 m.
Tiro instintivo: 10 m.

Tiempo:
Tiro de puntería: 3 min por serie.
Tiro instintivo: 3 s por serie.

11. Clasificaciones

Se clasificará sobre impacto dentro de silueta:

Negativo: hasta el 50 por 100 del total de disparos de calificación.
Positivo: más del 50 por 100.
Primera: más del 70 por 100 en todos los ejercicios anuales.

Selecto: más del 90 por 100 en todos los ejercicios que realice durante dos años consecutivos (diploma según anexo).

Se considerarán impactos dentro de la silueta todos aquellos que la marca dejada por el proyectil toque la silueta.

A los tiradores que no alcancen resultados positivos en el ejercicio de calificación ni en el de recuperación les será suspendida temporalmente la licencia de armas.

Los vigilantes de seguridad privada a los que se les haya suspendido temporalmente la licencia de armas podrán prestar cualquier tipo de servicio que no requieran la utilización de estas armas y se les autoriza su asistencia a los campos o lugares de tiro, que designe la empresa, para que, bajo la dirección de instructores habilitados, realicen las prácticas necesarias para recuperar la aptitud para disponer nuevamente de su licencia de armas "C".

Las pruebas de los suspendidos temporalmente de licencia de armas se realizarán durante los ejercicios reglamentarios del semestre siguiente, al que hubiera tenido lugar la suspensión, cuando y donde el jefe de la Comandancia designe y, en todo caso, bajo la supervisión de la Guardia Civil.

 Aplicación práctica

Sofía es vigilante de seguridad de explosivos en una cantera donde presta un servicio armado. Está realizando el ejercicio de tiro correspondiente para el mantenimiento de la licencia C. Está nerviosa, puesto que, si no pasa el ejercicio satisfactoriamente,

Continúa en página siguiente >>

<< Viene de página anterior

deberá ir a la tirada de recuperación y en el supuesto de no pasarlo se quedará sin licencia y no podrá trabajar en la cantera hasta recuperar de nuevo la licencia.

En el ejercicio de tiro de puntería ha conseguido 12 impactos válidos (dentro de silueta) de los 24 disparos realizados y en el ejercicio de tiro instintivo ha conseguido 4 impactos válidos (dentro de silueta) de los 6 disparados.

Indique si Sofía ha aprobado el ejercicio de tiro correspondiente. Razone su respuesta.

SOLUCIÓN

Sobre los ejercicios de tiro, la Resolución de 28 de febrero de 1996, de la Secretaría de Estado de Interior, indica lo siguiente:

- Los vigilantes de seguridad en el ejercicio de tiro con el revólver de 4 pulgadas calibre 38 realizarán los siguientes disparos:

  - El ejercicio de tiro de puntería consta de 3 disparos (una serie) de prueba y 24 disparos (4 series de 6) de puntuación.
  - El ejercicio instintivo es de 4 disparos (2 series de 2) de prueba y 6 disparos (3 series de 2) puntuables.

- La clasificación de los impactos dentro de la silueta en los ejercicios de tiro será "negativo" hasta el 50 % del total de disparos de calificación y "positivo" más del 50 % del total de los disparos de calificación.

Sofía ha conseguido en el tiro de puntería 12 impactos válidos en un ejercicio de 24 disparos y en el tiro instintivo ha conseguido 4 impactos válidos en un ejercicio de 6 disparos.

Su resultado es de 16 impactos válidos de los 30 disparos que consta el ejercicio. Por lo tanto, ha superado el 50 % del total de los disparos de calificación y es positivo.

Armas reglamentarias del vigilante de explosivos

El vigilante de seguridad no es libre de elegir el tipo de arma con la que va a desempeñar su trabajo, tampoco podrá portar armas en cualquier servicio que desempeñe, sino que los servicios con armas se encuentran regulados por diferentes disposiciones legales.

Esta materia se rige por las siguientes disposiciones que se analizarán más ampliamente a continuación.

Orden INT/318/2011, de 1 de febrero, sobre personal de seguridad privada

Al ser necesario para la prestación de un servicio con armas por parte del vigilante de explosivos la obtención de una licencia de armas tipo C, será preciso que el aspirante a ejercer dicha profesión conozca detalladamente las disposiciones contenidas en la Orden INT/318/2011, de 1 de febrero.

Esta orden ministerial determina en su artículo 19 qué tipo de armas reglamentarias y medios de defensa son los que puede utilizar el personal de seguridad privada. A modo de resumen del citado precepto y de los que le siguen, pueden extraerse las siguientes consideraciones:

a. El arma reglamentaria de los vigilantes de seguridad y su especialidad de vigilantes de explosivos, en los servicios de seguridad que se presten con armas, es el **revólver calibre 38 especial de cuatro pulgadas.**

b. Cuando esté dispuesto el uso de armas largas, utilizarán la **escopeta de repetición del calibre 12/70,** con cartuchos de 12 postas comprendidos en un taco contenedor.

c. Cuando en el servicio a prestar por los vigilantes de seguridad y vigilantes de explosivos concurran circunstancias extraordinarias que impidan o desaconsejen el uso de estas armas, podrá utilizarse el arma larga rayada de repetición, concebida para usar con cartuchería metálica apta para su utilización con arma corta, de calibre 6'35, 7'65, 9 mm corto, 9 mm parabellum o 9 mm largo, previa autorización de la Dirección General de la Guardia Civil, que resolverá teniendo en cuenta el informe de la Comisión Interministerial Permanente de Armas y Explosivos (CIPAE), y valorando las circunstancias concurrentes.

d. Los vigilantes de explosivos deberán portar también la defensa reglamentaria en la prestación de su servicio. Esta será de color negro, de goma semirrígida y de 50 cm de longitud. Esta será la regla general salvo en los casos en que la protección se lleve a cabo en el servicio de transporte y distribución de monedas y billetes, títulos-valores, objetos valiosos o peligrosos y explosivos.

e. Previa solicitud, el comisario general de seguridad ciudadana podrá autorizar la sustitución de la defensa por otras armas defensivas, siempre que se ajusten a lo prevenido en el Reglamento de Armas.

 Actividades

3. Busque en la página web del Ministerio del Interior (<www.interior.gob.es>) la información que, basada en las disposiciones reglamentarias vigentes, ofrece de manera pública sobre "autorizaciones especiales" para el uso de determinadas armas, y averigüe qué tipo de armas podría estar autorizado a usar un menor de edad.

Real Decreto 137/1993, de 29 de enero, por el que se aprueba el Reglamento de Armas

El vigilante de seguridad de explosivos debe conocer lo que establece el Reglamento de Armas sobre las **armas prohibidas.** En sus artículos 4 y 5 se describe detalladamente qué armas se consideran prohibidas en la actualidad:

Artículo 4

1. Se prohíbe la fabricación, importación, circulación, publicidad, compraventa, tenencia y uso de las siguientes armas o de sus imitaciones:

a. Las armas de fuego que sean resultado de modificar sustancialmente las características de fabricación u origen de otras armas, sin la reglamentaria autorización de modelo o prototipo.

b. Las armas largas que contengan dispositivos especiales, en su culata o mecanismos, para alojar pistolas u otras armas.

c. Las pistolas y revólveres que lleven adaptado un culatín.

d. Las armas de fuego para alojar o alojadas en el interior de bastones u otros objetos.

e. Las armas de fuego simuladas bajo apariencia de cualquier otro objeto.

f. Los bastones-estoque, los puñales de cualquier clase y las navajas llamadas automáticas. Se considerarán puñales a estos efectos las armas blancas de hoja menor de 11 cm, de dos filos y puntiaguda.

g. Las armas de fuego, de aire u otro gas comprimido, reales o simuladas, combinadas con armas blancas.

h. Las defensas de alambre o plomo; los rompecabezas; las llaves de pugilato, con o sin púas; los tiragomas y cerbatanas perfeccionados; los munchacos y xiriquetes, así como cualesquiera otros instrumentos especialmente peligrosos para la integridad física de las personas.

Bolígrafo pistola y llaves de pugilato

Artículo 5

1. Queda prohibida la publicidad, compraventa, tenencia y uso, salvo por funcionarios especialmente habilitados, y de acuerdo con lo que dispongan las respectivas normas reglamentarias de:

a. Las armas de fuego cortas semiautomáticas de percusión central cuya capacidad de carga sea superior a veintiún cartuchos, incluido el alojado en la recámara.

b. Las armas de fuego largas semiautomáticas de percusión central cuya capacidad de carga sea superior a once cartuchos, incluido el alojado en la recámara.

c. Las armas de fuego largas de cañones recortados.

d. Las armas de fuego automáticas que hayan sido transformadas en armas de fuego semiautomáticas.

e. Los cargadores aptos para su montaje en armas de fuego de percusión *central semiautomáticas o de repetición, que en el caso de armas cortas puedan contener más de 20 cartuchos, o en el de armas largas más de 10 cartuchos, salvo los que se conserven por museos, organismos con finalidad cultural, histórica o artística en materia de armas o coleccionistas, con los requisitos y condiciones determinados en el artículo 107.*

f. *Las armas de fuego largas que puedan reducirse a una longitud de menos de 60 cm sin perder funcionalidad por medio de una culata plegable, telescópica o eliminable.*

g. *Las armas de fuego que hayan sido transformadas para disparar cartuchos de fogueo, productos irritantes, otras sustancias activas o cartuchos pirotécnicos, o para disparar salvas o señales acústicas. Se exceptúan aquellas armas autorizadas para su uso en recreaciones históricas, filmaciones, artes escénicas o espectáculos públicos, con los requisitos y condiciones determinados en los artículos 107 bis y 149.3.*

h. *Las armas de alarma y señales que no vayan a emplearse para actividades deportivas, adiestramiento canino profesional, espectáculos públicos, actividades recreativas, filmaciones cinematográficas y artes escénicas, así como para fines de coleccionismo.*

i. *Los sprays de defensa personal y todas aquellas armas que despidan gases o aerosoles, así como cualquier dispositivo que comprenda mecanismos capaces de proyectar sustancias estupefacientes, tóxicas o corrosivas.*

De lo dispuesto en este apartado se exceptúan los sprays de defensa personal que, en virtud de la correspondiente aprobación del Ministerio de Sanidad, previo informe de la Comisión Interministerial Permanente de Armas y Explosivos, se consideren permitidos, en cuyo caso podrán venderse en las armerías a personas que acrediten su mayoría de edad mediante la presentación del documento nacional de identidad, pasaporte u otros documentos que acrediten su identidad.

j. *Las defensas eléctricas, las defensas de goma o extensibles, y las tonfas o similares.*

k. *Los silenciadores adaptables a armas de fuego.*

l. *Las municiones con balas perforantes, explosivas o incendiarias, así como los proyectiles correspondientes.*

m. *Las municiones para pistolas y revólveres con proyectiles "dum-dum" o de punta hueca, así como los propios proyectiles.*

2. *Queda prohibida la tenencia, salvo en el propio domicilio como objeto de adorno o de coleccionismo, con arreglo a lo dispuesto en el apartado b) del artículo 107 de este reglamento, de imitaciones de armas de fuego que por sus características externas puedan inducir a confusión sobre su auténtica naturaleza, aunque no puedan ser transformadas en armas de fuego.*

Se exceptúan de la prohibición aquellas cuyos modelos hayan sido aprobados previamente por la Dirección General de la Guardia Civil, con arreglo a la normativa dictada por el Ministerio del Interior.

3. *Queda prohibido el uso por particulares de cuchillos, machetes y demás armas blancas que formen parte de armamentos debidamente aprobados por autoridades u organismos competentes. Su venta requerirá la presentación y anotación del documento acreditativo del cargo o condición de las personas con derecho al uso de dichos armamentos.*

También se prohíbe la comercialización, publicidad, compraventa, tenencia y uso de las navajas no automáticas cuya hoja exceda de 11 cm, medidos desde el reborde o tope del mango hasta el extremo.

No se considerarán comprendidas en las prohibiciones anteriores, la fabricación y comercialización con intervención de la Guardia Civil, en la forma prevenida en los artículos 12.2 y 106 de este Reglamento, la compraventa y la tenencia exclusivamente en el propio domicilio, con fines de ornato y coleccionismo, de las navajas no automáticas cuya hoja exceda de 11 cm.

4. *Las armas, objetos y dispositivos del apartado 1 solo se podrán comercializar por armeros y corredores autorizados a las entidades u organismos de los que dependan los funcionarios especialmente habilitados, de conformidad con lo establecido en el artículo 48 bis.*

El artículo 4 del Reglamento de Armas describe qué armas se prohíbe fabricar, importar, circular, publicitar en cuanto a su compraventa, tenencia y uso a cualquier persona, mientras que en el artículo 5 las restricciones impuestas no alcanzan a los funcionarios especialmente habilitados para el uso de las armas citadas en el precepto, es decir, a los miembros de Fuerzas y Cuerpos de Seguridad del Estado.

 Nota

En el artículo 4, en el apartado "h", se ha dejado abierta la posibilidad de que un arma prohibida sea cualquier instrumento peligroso para la integridad física de las personas.

Aplicación práctica

Álvaro es vigilante de seguridad de explosivos en una mina. Durante una de las rondas que realiza en vehículo por el recinto, comprobando el vallado del perímetro, se encuentra una bolsa de deporte pegada a la valla entre algunas matas. Comprueba el contenido de la bolsa y a continuación se dispone a hacer el oportuno informe. Para ello, va detallando los objetos que se encuentra dentro de la bolsa hallada:

ı Dos puñales con funda, uno negro y otro marrón.
ı Una navaja automática cromada.
ı Una escopeta de cañones recortados y seis cartuchos.
ı Una pistola HK de 9 mm con un silenciador y un cargador sin munición.

1. Indique cuál o cuáles de estas armas podría tener en su posesión cualquier persona. Razone su respuesta.
2. Señale cuál o cuáles de las armas halladas podría poseer un funcionario con habilitación especial. Razone su respuesta.

SOLUCIÓN

1. Ningún particular podrá tener cualquiera de los dos puñales, ni la navaja automática, según el artículo 4. f). Tampoco podría tener la escopeta de cañones recortados, según el artículo 5. g). En cuanto a la pistola HK de 9mm sí podría un particular tener una de ellas, con documentación y licencia pertinente, pues no es un arma prohibida; aunque, según el artículo 5. d), no podría tener nunca el silenciador.
2. Un funcionario con habilitación especial no podrá tampoco tener en su posesión ninguno de los dos puñales, ni la navaja automática según el artículo 4. f). Sí podría tener una escopeta de cañones recortados, pues según el artículo 5. g) se trata de un arma prohibida, salvo para los funcionarios especialmente habilitados. Igualmente podría poseer la pistola HK 9 mm, que no es un arma prohibida, e incluso con el silenciador puesto; este instrumento está prohibido, pero no para funcionarios habilitados, según el artículo 5. d) del Reglamento de Armas.

3. Estudio de las armas reglamentarias. Cartuchería y munición. Conservación y limpieza

El estudio de las partes de un arma es imprescindible por parte de cualquier persona que desee obtener la correspondiente autorización administrativa para su uso, ya sea con una finalidad laboral, para poder llevar a cabo la práctica de la actividad cinegética o de un deporte en los que se vaya a utilizar un arma de fuego.

Se examinarán, por ello, a continuación, cuáles son las partes esenciales y los mecanismos básicos de funcionamiento de un arma de fuego, centrando la exposición especialmente en el análisis detallado de las armas reglamentarias del vigilante de seguridad de explosivos, así como de la cartuchería y munición integrante de la dotación.

De igual modo, se identificarán para el posible futuro usuario de estas armas reglamentarias cuáles son las normas básicas a observar en su limpieza y mantenimiento para lograr una adecuada conservación y garantizar un buen funcionamiento del arma.

La limpieza y mantenimiento periódico de un arma de fuego, son esenciales para garantizar su funcionamiento en las adecuadas condiciones de seguridad.

3.1. Estudio de las armas reglamentarias

Las armas reglamentarias que pueden conformar la dotación del vigilante de seguridad de explosivos son las siguientes:

1. **Revólver 38 SPL de 4 pulgadas:** es un arma de fuego corta y de repetición, con una recámara en forma de tambor que gira con un mecanismo que permite disparos sucesivos.
2. **Escopeta:** es un arma de fuego larga, calibre 12/70, de repetición, con uno o dos cañones de ánima lisa.

Revólver 38 SPL de 4 pulgadas

El revólver de calibre 38 especial tiene un alcance eficaz de 25 a 50 m, pesa un kilo aproximadamente y mide de 22 a 25 cm según el modelo.

Entre sus **características funcionales** se encuentran, esencialmente:

- La precisión.
- La simplicidad de sus mecanismos.
- La rapidez en la disponibilidad de abrir fuego en el primer disparo.
- La ausencia de encasquillamientos.

 Para saber más

A través del siguiente enlace se puede consultar un artículo en el que se analizan las particularidades del revólver 38 especial de 4 pulgadas.

https://redirectoronline.com/mf00820302

Elementos

Dentro del revólver se encuentran los siguientes **elementos** o **componentes:** cañón, armazón y cilindro.

Cañón

El cañón es una pieza cilíndrica de cuatro pulgadas de longitud, que presenta dos bocas (anterior y posterior) y va roscado al armazón. Es la parte del revólver por la que sale el proyectil cuando este es disparado.

Sus características esenciales son las que se exponen a continuación:

▎ En la parte final superior se sitúa el **punto de mira** sujeto con dos pasadores o fusionado al mismo.

▮ En la parte inicial se encuentra el **cono de forzamiento** que es una parte del cañón que obliga al proyectil hacia el interior del mismo una vez ha sido disparado. Esto es debido a la existencia de una separación entre el proyectil alojado en la recámara del tambor y la zona de estriado del ánima.

▮ El interior del cañón presenta un rayado helicoidal en sentido *dextrorsum* (hacia la derecha), dividiendo el ánima en seis campos.

▮ La distancia entre dos campos diametralmente opuestos es la medida del calibre de un arma. Los campos y las estrías dan un cuarto de vuelta consiguiendo, con la obturación del proyectil, una mayor estabilidad y poder de penetración, tanto en el aire como en los objetivos.

Estrías en proyectiles y partes del ánima rayada

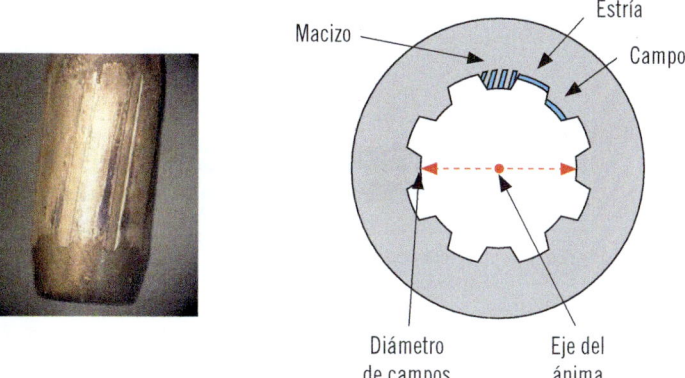

En la imagen se muestran las partes del interior de un cañón rayado. Las partes más importantes en el ánima de un arma son la estría y el campo. El diámetro o distancia entre dos campos opuestos es la medida del calibre del cañón.

Armazón

Es la pieza que da soporte a los demás elementos del revólver. Normalmente están realizados con aleaciones de acero a las que recientemente se están incorporando materiales como el titanio para aumentar su ligereza. Está constituido por una serie de elementos, que son las partes externas del revólver, pudiendo diferenciar entre las siguientes:

I **Empuñadura:** es el elemento que permite sujetar el arma con la mano; es donde se fijan las cachas (piezas anatómicas para la empuñadura). En su interior se encuentra el anillo regulador de presión que, junto con su varilla y el muelle real, dan la tensión al martillo percutor para transmitir la fuerza al golpe de la aguja percutora.

I **Arco guardamonte:** protege al disparador o gatillo, evitando los disparos involuntarios por golpes o caídas.

I **Orejetas:** impide la salida de los cartuchos de la recámara.

I **Tope lateral del cilindro:** es la guía, el desplazamiento lateral del cilindro, impidiendo que se desplace hacia atrás.

I **Ventana de alojamiento del cilindro:** es el lugar donde se aloja el cilindro o tambor del revólver.

I **Alza:** es un elemento acoplado en la parte superior del armazón; mediante dos tornillos se fija y se regula su altura.

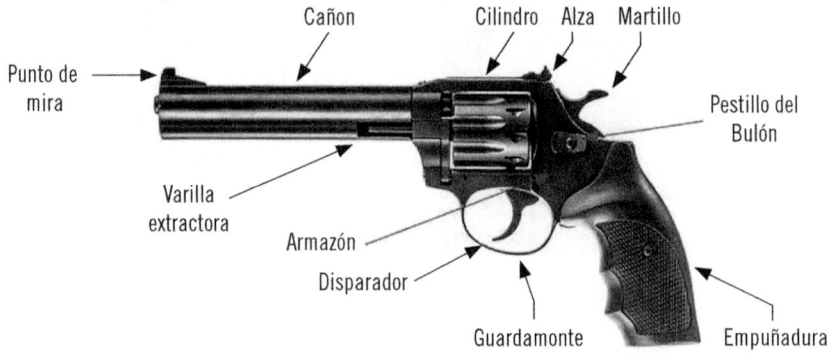

Partes externas del revólver 38

I **Caja plana de mecanismos:** con una forma irregular y una tapa sujeta con tornillos, contiene una serie de piezas que posibilitan el funcionamiento y los distintos mecanismos del arma.

I **Tope del cilindro:** tiene como función mantener sujeto el cilindro, cuando se encuentra la recámara frente al cañón.

I **Disparador:** al ser accionado transmite el movimiento al resto de las piezas para producir el disparo; consta de cabeza, cuerpo y cola.

■ **Biela del disparador:** obliga al disparador a permanecer en su posición más adelantada.

■ **Biela del cilindro:** permite el giro del cilindro o tambor al vencer la resistencia de su muelle y desplazarse verticalmente.

■ **Martillo:** es la pieza encargada de dar fuerza a la aguja percutora. Se divide en cabeza cuerpo y cola. La cabeza tiene forma puntiaguda y asoma por el canal vertical del armazón enfrentándose a la cabeza de la aguja percutora.

■ **Levante:** es una pieza en forma de cuña que va sujeta al martillo con pasador y muelle. Esta pieza desplaza al martillo hacia atrás para soltarlo en la posición adecuada en el funcionamiento de la doble acción del revólver (esta función se explica más adelante).

■ **Aguja percutora:** tiene dos gruesos distintos, la parte delantera es más delgada y es la que golpea al fulminante del cartucho. Esto es debido a que recibe un golpe del martillo en la parte trasera más gruesa de la aguja y se vence la resistencia de un muelle ubicado en la parte delantera de la aguja, produciendo el golpe en el pistón del cartucho encarado en el cañón.

■ **Bulón:** es la pieza que permite la apertura y cierre del cilindro, manteniendo un giro concéntrico perfecto; si no se encuentra bien colocado el cilindro, bloqueará el funcionamiento correcto del revólver.

■ **Corredera:** presiona la biela del disparador para que este se mantenga en su posición correcta, al apretar el disparador permite que se desactive el seguro de interposición de masas y que el martillo golpee la aguja percutora.

■ **Seguro de interposición de masas:** es una varilla que se interpone entre el martillo y la aguja percutora, impidiendo su contacto; se desactiva cuando se presiona el disparador.

Cilindro

El cilindro o tambor del revólver es una pieza taladrada con seis agujeros, llamados recámaras, que sirven para contener los cartuchos. También tiene un taladro central que da soporte al mecanismo de extracción y de fijación del cilindro y al brazo del soporte basculante.

En su parte exterior presenta seis rebajes para aligerar el peso y seis hendiduras para alojar el diente del tope del cilindro para la fijación del mismo. El tambor gira 60° cada vez que se efectúa un disparo en sentido contrario a las agujas del reloj de derecha a izquierda.

Dentro del cilindro, la pieza denominada **extractor** se compone de cabeza, barra o vástago, muelle y aguja central. La cabeza tiene forma de estrella y es donde encajan los culotes de los cartuchos para su extracción de forma rápida. La barra va encastrada en el centro del tambor y en su interior está alojada la aguja y el muelle.

Mecanismos del revólver

Una vez conocidas cuáles son las piezas o componentes de un revólver, para comprender el funcionamiento de esta arma será preciso estudiar previamente sus distintos mecanismos. Estos son los mecanismos de alimentación, repetición, puntería, disparo, percusión, extracción y seguridad.

Mecanismo de alimentación

El mecanismo de alimentación se desarrolla a través del cilindro y sus recámaras a través de las siguientes fases:

1. Se empuña el revólver con la mano derecha y se acciona con el dedo pulgar el bulón, llevándolo hacia adelante, el cual empuja la aguja central desalojándose del armazón. Al mismo tiempo, la aguja central empuja al bulón de cierre que libera la barra del extractor, dejando el cilindro libre para bascular.
2. Se empuja lateralmente el cilindro que gira alrededor del soporte basculante dejando las recámaras a la vista. Con el arma apuntando al suelo se introduce un cartucho en cada recámara con la mano izquierda y se introduce de nuevo el cilindro basculando hasta su posición inicial.

Mecanismo de repetición

Su misión básica es enfrentar las recámaras sucesivamente frente al cañón y la aguja percutora antes de realizar el disparo.

Esta acción se ejecuta a través de la biela del cilindro que es la pieza encargada de hacer rotar el cilindro sobre su eje en la ventana del armazón.

Mecanismo de puntería

Está compuesto por el punto de mira y el alza:

ı El **punto de mira** va situado en la parte delantera del cañón, sujeto con dos pasadores o fusionado al mismo.
ı El **alza** está situada en la parte trasera superior del arma y se puede alinear o corregir con respecto al punto de mira en altura y lateralidad.

Mecanismo de disparo

Su cometido es iniciar el mecanismo de percusión y para ello interviene el disparador.

El revólver puede efectuar los disparos de dos maneras:

a. En **simple acción** se dispara cuando se lleva con la mano el martillo hasta su posición trasera, quedando retenido por el diente inferior del martillo. Al mismo tiempo, se hace girar el cilindro colocando la siguiente recámara frente al cañón y lleva al disparador a una posición más atrasada. La presión que se realiza sobre el disparador para efectuar el disparo es menor obteniendo así mayor precisión.
b. En **doble acción** se aprieta el disparador que se encuentra en su posición más adelantada; la biela del cilindro rota el mismo, alineando la siguiente recámara con el cañón. Al mismo tiempo, el levante lleva hacia atrás el martillo que se encuentra en

su posición más adelantada y cuando llega a su posición más atrasada se libera y cae sobre el percutor. Se debe realizar sobre el disparador más presión que en el disparo en simple acción, ya que en el de doble acción tiene más recorrido. El disparo en doble acción es, por ello, más rápido pero menos preciso.

En ambas acciones, después de cada disparo, es la corredera la que realiza la presión sobre la biela del disparador y lo coloca en su posición más adelantada.

Mecanismo de percusión

Su misión es golpear el fulminante o cápsula del cartucho que se encuentra en la recámara, alineado con el cañón.

Accionando el disparador, el martillo es llevado a su posición más atrasada y, cuando se libera, cae con fuerza sobre la aguja percutora, cediendo su muelle antagonista que la mantiene en su posición más atrasada. La aguja golpea el fulminante o cápsula del cartucho y se produce el disparo. La aguja percutora vuelve a su posición más atrasada de nuevo por el muelle antagonista.

Mecanismo de extracción

Su finalidad es extraer las vainas de los cartuchos una vez disparados.

El sistema para extraer el cilindro del armazón es el mismo que en el mecanismo de alimentación del arma: se extrae el cilindro del armazón hacia un costado y accionando, con la mano, la varilla del eje del cilindro, y esta hace que el extractor en forma de estrella empuje las vainas hacia fuera de las recámaras.

Otra manera de sujetar el arma para la extracción, además de la ya indicada en el mecanismo de alimentación, es la siguiente: sujetando el arma con la mano izquierda e introduciendo los dedos anular y corazón por la ventana del armazón sujetando el cilindro, el dedo pulgar en el lado contrario sujetando también el cilindro y accionando la varilla de expulsión de las vainas, el dedo índice en el cañón y el meñique sobre el martillo. La extracción o alimentación se realiza con la mano derecha.

Mecanismos de seguridad

Los seguros del revólver son independientes respecto del usuario o tirador, ya que no son manuales y no se tiene acceso a ellos para activarlos o desactivarlos. Estas armas, una vez alimentadas, siempre tienen un cartucho alineado con el cañón, listo para ser disparado y cualquier golpe o caída podría provocar el disparo.

Ante este riesgo se incorporan una serie de seguros dentro de sus mecanismos de funcionamiento. Se distinguen entre ellos los siguientes:

- Seguro por **interposición de masas:** impide que el martillo percutor y la aguja estén en contacto interponiendo una varilla con una aleta entre ambos, la cual se desplaza por el movimiento de la corredera al iniciarse el movimiento del disparador.
- Seguro de **acerrojamiento incompleto:** este seguro impide el disparo al no encontrarse cerrado correctamente el cilindro y no estar alineada una recámara con el cañón. También impide la apertura del cilindro si el arma esta amartillada (martillo en su posición más atrasada).
- Seguro **excéntrico:** algunas armas, mediante una leva o brazo, mantienen al martillo en una posición más elevada que la aguja percutora. Cuando comienza el movimiento en el disparador, la leva baja, alineando el martillo con la aguja para que se produzca el disparo.

 ### Actividades

4. ¿Qué piezas componen el mecanismo de puntería?
5 Explique en qué consiste el seguro por interposición de masas.

Despiece del revólver

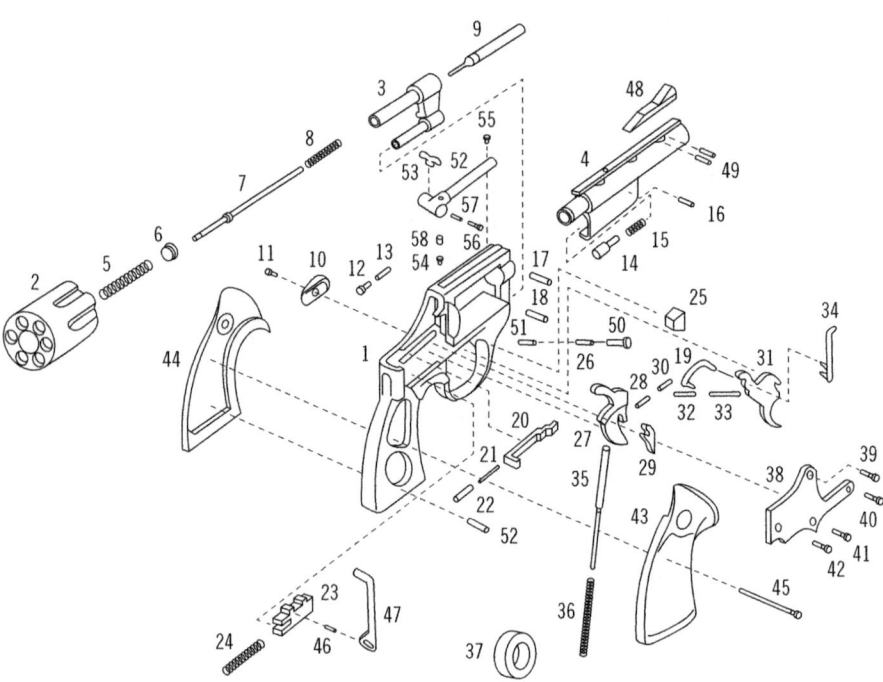

1. Armazón	21. Muelle del bulón	41. Tornillo inferior de la tapa
2. Cilindro con extractor	22. Guía del muelle del bulón	42. Tornillo izquierdo de la tapa
3. Soporte basculante	23. Corredera	43. Cacha derecha
4. Cañón	24. Muelle de la corredera	44. Cacha izquierda
5. Muelle extractor	25. Tope del cilindro	45. Tornillo sujeción de cachas
6. Tope del muelle del extractor	26. Muelle del tope del cilindro	46. Pasador del seguro
7. Aguja central	27. Percutor	47. Seguro
8. Muelle de la aguja central	28. Muelle del levante	48. Punto de mira
9. Barra del extractor	29. Levante	49. Pasadores punto de mira
10. Pestillo del bulón	30. Pasador del levante	50. Tornillo del tope del cilindro
11. Tornillo del pestillo	31. Disparador	51. Émbolo del tope del cilindro
12. Aguja percutora	32. Biela del disparador	52. Placa del alza
13. Muelle de la aguja percutora	33. Pasador de la biela del disparador	53. Hoja del alza
14. Bulón de cierre	34. Biela del cilindro	54. Tornillo trasero de la placa
15. Muelle del bulón de cierre	35. Varilla del muelle del percutor	55. Tornillo delantero de la placa
16. Pasador del bulón de cierre	36. Muelle del percutor	56. Tornillo de compensación de la hoja del alza
17. Pasador del cañón	37. Anillo regulador	57. Muelle del tornillo de compensación
18. Pasador de la aguja percutora	38. Tapa caja de mecanismos	58. Tornillo elevador del alza
19. Palanca del disparador	39. Tornillo superior de la tapa	
20. Bulón	40. Tornillo derecho de la tapa	

Escopeta

Dentro de las armas reglamentarias para el vigilante de seguridad, la escopeta calibre 12/70 es la permitida en servicios determinados como el transporte de fondos y valores como dotación del vehículo blindado y en la vigilancia de explosivos.

Es un arma que tiene una gran potencia de fuego, poder disuasorio, facilidad para hacer blanco, sencillez de mecanismos y fácil manejo.

En cuanto a sus **características básicas,** puede decirse de la escopeta que:

- Es un arma de ánima lisa, de repetición por acción manual.
- Pesa de 2,5 a 3,5 kg con depósito vacío, un alcance eficaz de 30 m y capacidad para 4 a 6 cartuchos.
- Su sistema de funcionamiento es de corredera o *pumping.*

 Nota

El término *pumping* significa bombeo y sirve para identificar el sistema de funcionamiento de un arma en el que hay que deslizar el guardamanos hacia atrás y hacia adelante, tanto para expulsar el cartucho disparado como para introducir uno nuevo en la recámara.

La indicación del calibre 12/70 quiere decir que el 12 es el número de bolas o perdigones que salen de una libra de peso de plomo (453,59 g) y cada una de ellas tiene el diámetro del interior del cañón. Cada bola o perdigón sale a 18,5 mm de diámetro y con un peso de 37,79 g cada bola. En un diámetro inferior de cañón, donde se tenga que fundir una libra de plomo en 20 bolas para que estas entren individualmente por el cañón, dará como resultado un cañón del calibre 20. El 70 es la medida de la recámara, por lo que se pueden utilizar cartuchos o vainas abiertas (ya disparadas) que tienen una medida de 70 mm.

Elementos

Los distintos **elementos o componentes** de la escopeta 12/70 se pueden incluir y estudiar dentro de los siguientes grupos o conjuntos:

- Grupo cañón
- Grupo cerrojo
- Grupo carcasa
- Grupo disparo
- Grupo asta
- Grupo culata

Grupo cañón

Este grupo está compuesto por el cañón y la culata del cañón:

- El **cañón** tiene una longitud aproximada de 350 mm de largo y el ánima es lisa, por tanto, no tiene rayado. El ánima del cañón tiene una pieza llamada "choke" que estrecha el cañón y determina la expansión de los perdigones. En la parte inferior, el cañón tiene una anilla que sirve de guía para el tubo contenedor de munición y sujeta la tapa portacorrea con un sistema cilíndrico de muelle. En la parte delantera superior del cañón se encuentra el punto de mira.
- En la parte trasera del cañón se ajusta, mediante rosca, la **culata del cañón** o teja. Su función es el acerrojado o cierre del arma en el momento del disparo. Tiene un rebaje para la uña extractora y otro donde se coloca el grapón.

Grupo cerrojo

El cerrojo tiene por función cerrar el arma evitando la fuga de gases en la deflagración para realizar el disparo. Este grupo consta de las siguientes piezas:

- El **cerrojo** es una pieza cilíndrica que contiene los mecanismos de bloqueo, extracción y percusión; en su interior se encuentran el percutor, extractor y grapón.

ı El **grapón** es una cuña de fijación alojada en el cerrojo y cuya misión es la de bloquear el cerrojo con la culata del cañón.

ı El **carro** es una pieza que soporta el cerrojo, apoyado en la carcasa y unido a las varillas del asta de armamento que le proporcionan el movimiento de delante a atrás. Su función es la de desbloquear; al desplazarse hacia atrás cae el grapón y desune el cerrojo de la culata del cañón.

ı El **percutor** golpea el culote del cartucho al recibir el golpe del serpentín para realizar el disparo.

ı El **extractor** tiene por función extraer el cartucho de la recámara al exterior.

Grupo carcasa

La carcasa es la pieza intermedia del arma que soporta a los demás grupos.

Este grupo se compone de los elementos siguientes:

ı La **carcasa** tiene en su interior el cerrojo y lleva roscado el tubo contenedor de munición que va paralelo al cañón, va unido a la culata del arma y al conjunto de piezas de disparo.

ı En el interior del **tubo depósito** o contenedor de munición se encuentra el muelle del depósito que presiona a los cartuchos que se alojan en él. Se encuentra bajo el cañón y cubierto por la corredera o guardamanos corredizo.

ı La **leva de cierre** inmoviliza los cartuchos situados dentro del tubo contenedor.

ı La **leva comando** ayuda a subir el cartucho del depósito hacia la recámara.

ı La **leva auxiliar** retiene a los cartuchos en el depósito, mientras sube uno hacia la recámara.

Grupo disparo

Este grupo comprende las siguientes piezas:

- El **transportador** recibe los cartuchos al salir del depósito de munición y los eleva hasta alinearlos con la recámara.
- El **serpentín** es el martillo percutor de la escopeta.
- El **disparador,** al ser accionado, presiona y desplaza el diente de enganche del serpentín liberando al mismo y golpeando este la aguja percutora.
- El **guardamonte,** como en el revólver, el disparador está protegido por un arco que evita su acción involuntaria por golpes, caídas o enganches.
- El **seguro manual** es una palanca exterior con dos posiciones F (fuego) y S (seguro). Se puede accionar con el dedo índice sin desempuñar el arma. Este seguro bloquea el serpentín y desconecta la leva del disparador del diente de enganche del serpentín.

Grupo asta

Este grupo está compuesto por el asta de armamento, guardamanos y el soporte del asta de armamento.

- El **asta de armamento** son dos barras paralelas unidas a dos piezas que las une por ambos extremos. A un lado, al carro del cierre, y al otro, al soporte del asta de armamento. De este modo, adquiere el movimiento.
- El **guardamanos** es la pieza visible de este grupo. En su interior está el soporte del asta de armamento. Habitualmente es de madera y adaptable a la mano y se desliza bajo el cañón.
- El **soporte del asta** de armamento es un cilindro hueco que sirve de unión entre el asta de armamento y el guardamanos.

Grupo culata

Está compuesto por dos piezas:

ı La **culata** suele ser de madera con distintos rebajes para adoptarla a la empuñadura y mejorar su sujeción. Se fija a la carcasa por delante y a la cantonera por detrás.
ı La **cantonera** suele ser de caucho y se encuentra fijada a la parte trasera de la culata. Su función es amortiguar el retroceso del arma durante el disparo.

Mecanismos de la escopeta

Del mismo modo que ya se procedió a explicar los del revólver, será necesario explicar a continuación los diferentes mecanismos de la escopeta para comprender enteramente su funcionamiento.

Entre estos mecanismos, se estudiarán los de: alimentación y carga, cierre, disparo, extracción y seguridad.

Mecanismo de alimentación y carga

Su **función primordial** es la de introducir los cartuchos en el tubo de depósito de munición para poder después cargar y disparar. Este elemento, el tubo depósito de munición, está situado en la parte inferior del cañón y en paralelo al mismo.

El mecanismo **se integra** por la acción de introducir los cartuchos con la mano, uno detrás de otro, por la ventana del tubo de depósito de munición hasta llenar su capacidad, quedando retenidos por la leva de cierre.

La **carga del arma** se realiza extrayendo un cartucho del tubo depósito y llevándolo hasta la recámara para ser disparado.

Su **funcionamiento** se realiza moviendo hacia atrás el guardamanos que hace que el asta de armamento abra la leva de cierre, liberando un cartucho del tubo depósito. Al salir el cartucho con fuerza, por la presión del muelle alojado en el tubo depósito, golpea a la leva comando y la desplaza, dejando al transportador que eleve el cartucho hacia la recámara. Al llevar el guardamanos hacia delante, el cerrojo empuja el cartucho que se encuentra en el transportador, introduciéndolo en la recámara.

Alimentación de la escopeta

Mecanismo de cierre

Este mecanismo proporciona el cierre y la obturación del cerrojo en el momento del disparo.

Son cinco las **piezas que intervienen en este mecanismo:** cerrojo, grapón, carro, culata del cañón y asta de armamento.

En el mecanismo de cierre, cuando se lleva el guardamanos hacia adelante, se lleva también el asta de armamento y entonces el carro también queda situado encima. El grapón se apoya sobre el carro y sobresale del cerrojo, sujetando la culata del cañón al cerrojo. Al mismo tiempo el carro es trabado por la leva del seguro automático, provocando el cierre del arma o arma acerrojada.

Al llevar el guardamanos hacia atrás después del disparo, el asta de armamento empuja de nuevo al carro hacia atrás, haciendo que el grapón vuelva a su alojamiento y libere la culata del cañón, separando el cerrojo del mismo.

Mecanismo de disparo

Cuando el arma se encuentra cargada y acerrojada se inicia el mecanismo de disparo accionando el disparador.

Cuando se pulsa el disparador, este hace que la leva del disparador mueva el diente enganche del serpentín, liberando al mismo, que golpea contra la aguja percutora y esta pega en el pistón del cartucho, provocando el disparo.

Mecanismo de extracción

Una vez que se ha disparado, se extrae el cartucho utilizado. Para ello, es necesario que se tire del guardamanos hacia atrás, que además de separar el cerrojo de la culata del cañón, hace que el cerrojo se mueva hacia atrás, haciendo que la uña extractora arrastre el cartucho y el extractor expulse el cartucho por la ventana extractora de la carcasa.

Cuanta mayor velocidad se proporcione al tirar del guardamanos, mayor fuerza de expulsión tendrá el mecanismo para expulsar el cartucho.

Mecanismo de seguridad

Se diferencian en este apartado el seguro automático del seguro manual.

El **seguro automático** impide que el carro se mueva cuando está en su posición más adelantada, hasta que se efectúe el disparo. Si el carro está inmovilizado no se puede mover el guardamanos, desbloquear el cerrojo y abrir la recámara.

También mantiene la leva del disparador conectado al diente del serpentín para efectuar el disparo. Por ello, si el carro no está cerrado correctamente, accionando el seguro automático, este no unirá la leva del disparador al mecanismo de disparo y no se producirá el mismo.

Si se quiere sacar el cartucho sin disparar, se debe accionar la leva del seguro automático para liberar el carro y poder accionar el guardamanos hacia atrás. Además, la leva del seguro automático levantará la leva del disparador y esta entonces no estará en contacto con el mecanismo de disparo, por lo que no se podrá hacer fuego.

El **seguro manual,** por su parte, tiene dos posiciones:

 ı En la posición de fuego -que está indicada en la propia arma en rojo o con la letra F- el serpentín está en contacto con el diente del enganche del serpentín y, si se acciona el disparador, se realizará el disparo.
 ı En la posición de seguro S se impide que el serpentín retroceda y monte en el enganche del serpentín; y si está montado, separa el serpentín del diente del enganche del serpentín e inmoviliza el serpentín.

Despiece de la escopeta

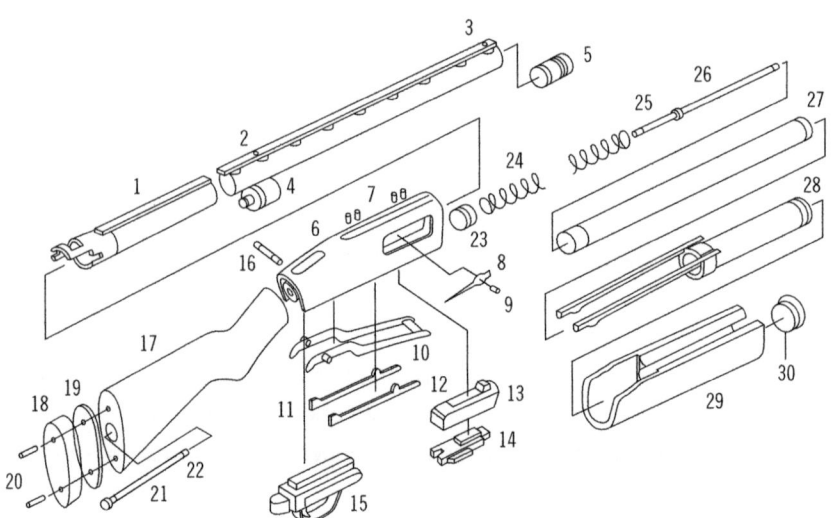

Continúa en página siguiente >>

<< Viene de página anterior

Leyenda componentes escopeta

1. Parte trasera del cañón
2. Mira del punto medio
3. Mira delantera
4. Tornillo montaje cañón
5. Tubo de estrangulación
6. Alojamiento de mecanismos
7. Tornillos para miras
8. Expulsor
9. Tornillo del expulsor
10. Elevador de cartuchos
11. Parador del cartucho
12. Interruptor del cartucho
13. Ensamble del cerrojo
14. Deslizador del cerrojo
15. Ensamble del disparador
16. Perno del ensamble del disparador
17. Culata
18. Cantonera
19. Espaciador
20. Tornillos de la cantonera
21. Tornillo de la culata
22. Arandela de seguridad
23. Seguidor de la recámara tubular
24. Resorte de la recámara tubular
25. Limitador de cartuchos
26. Anillo del limitador de cartuchos
27. Recámara tubular
28. Asta de armamento
29. Carcasa guardamanos
30. Tuerca de mecanismo de corredera

3.2. Cartuchería y munición

Se entiende por **munición** el conjunto de elementos que se cargan en el arma de fuego para dispararla.

Actualmente, la munición utilizada de modo habitual, dependiendo del tipo de arma, es:

- Para armas rayadas: cartucho metálico.
- Para armas lisas: cartucho combinado de metal y plástico o metal y papel.

A continuación, se pasarán a examinar ambos tipos de cartuchos en detalle.

Cartucho metálico

Con carácter general, un cartucho es una unidad que integra el conjunto de elementos necesarios para realizar un disparo en un arma de fuego.

Cartuchos metálicos

El cartucho está constituido por los siguientes **elementos o componentes:**
vaina, bala o proyectil, pólvora o carga de proyección, pistón o cápsula.

Vaina

Una vaina es el elemento del cartucho que sirve como recipientes para
albergar el resto de los componentes. Generalmente, las vainas de metal
son de latón, aunque también se fabrican en acero o aluminio.

Dentro de una vaina de metal pueden, a su vez, diferenciarse las **partes**
siguientes:

- El **culote** es la base de la vaina y tiene una pestaña o ranura que se
  utiliza para poder extraer la vaina de las armas. Los culotes tienen
  distintos grosores según el tipo de percusión o sistema de ignición
  del cartucho. Si la vaina es de percusión central, el culote tendrá
  dispuesto en el centro un pistón o cápsula que iniciará la deflagración del cartucho al ser golpeado. La ignición del pistón se transmitirá a la pólvora a través del oído de la vaina. Si, por el contrario,
  es de percusión anular, todo el culote servirá para iniciar el disparo,
  pudiendo ser golpeado en cualquier lugar del culote y no solo en el
  centro como en la percusión central.
- El **cuerpo** es la parte donde se aloja la pólvora y tiene forma cilíndrica o troncocónica. Su espesor puede variar del culote a la boca.
  Pueden tener estrechamientos, llamados gola, en forma troncocónica

que une el cuerpo con el gollete o cuello de la vaina. El gollete puede ser de forma cilíndrica o troncocónica.

▪ La **boca** de la vaina es donde se encastra el proyectil o bala.

Bala o proyectil

El proyectil es la parte del cartucho lanzado por el cañón del arma al exterior, directamente hacia el objetivo.

Inicialmente, los proyectiles se fabricaban con forma de bola. Sin embargo, al aparecer después las armas de ánima rayada, los proyectiles se modificaron adquiriendo una forma de cilindro cónico o de cilindro ojival.

Los **elementos o componentes** de un proyectil en las armas rayadas son:

▪ La **ojiva** puede presentar distintas formas, reduciendo siempre su calibre para no sufrir el forzamiento del ánima.
▪ El **cuerpo** es de diámetro mayor que el cañón para ejercer presión en la obturación de este y recibir el giro del rayado del ánima.
▪ El **culote** se encuentra introducido en la vaina junto con una parte del cuerpo del proyectil. Es la parte que recibe la fuerza de la combustión de la pólvora en la vaina.

Entre las muy variadas **clases de proyectiles,** pueden encontrarse más habitualmente el:

▪ **Proyectil de plomo:** fabricado por una aleación de plomo 90 %, estaño 5 % y antimonio 5 %.
▪ **Proyectil blindado:** compuesto de un núcleo de plomo y recubierto de otro metal como cobre, latón o combinando con acero.
▪ **Proyectil semiblindado:** compuesto de plomo y recubierto en parte por otro metal o metales. Pueden ser, a su vez:

  ▪ **De punta blanda,** que se consiguen dejando sin blindar la punta de la ojiva.
  ▪ **De punta dura,** blindando solo la punta de la ojiva.

Aparte de los proyectiles más habituales citados, pueden encontrarse estas **otras clases:**

- **Expansivos o punta hueca:** son aquellos que, al impactar, se fragmentan en todas direcciones debido a un canal abierto a lo largo de la ojiva.
- **Trazadores:** son los que dejan en su trayectoria una estela luminosa, haciéndola visible.
- **Perforantes:** son aquellos que cuentan con un núcleo de acero capaz de traspasar blindajes de vehículos y corporales.
- **Incendiarios:** son los proyectiles que provocan un incendio al impactar contra el blanco debido al empleo de sustancias que forman una mezcla pirotécnica que es inflamable cuando impactan.
- **Explosivos:** poseen una carga explosiva que detona al impactar por un percutor ubicado en el centro del proyectil.

Pólvora o carga de proyección

La pólvora es un componente del proyectil que va alojado en la vaina y se emplea para generar los gases en su deflagración, provocando la salida del proyectil desde el arma.

Antiguamente, se utilizaba la pólvora negra compuesta por salitre, carbón y azufre, pero hoy en día se utiliza la nitrocelulosa (también conocida como "pólvora" sin humo) que posee más potencia y da lugar a una combustión enteramente gaseosa sin crear apenas humo tras el disparo.

Pistón o cápsula

El pistón es una pequeña cápsula que contiene un fulminante y se aloja en el centro del culote de la vaina.

Tras ser golpeado por el percutor del arma, la función del pistón es hacer explosión y comunicar el fuego a la carga de proyección.

Inicialmente, el fulminante utilizado en los antiguos pistones era de fulminato de mercurio y clorato potásico. Tales sustancias integran un compuesto que produce residuos muy corrosivos, por lo que en la actualidad se utiliza para su fabricación el trinitrorresorcinato de plomo con aditivos y tetraceno.

Puede diferenciarse dos tipos diferentes de pistón para los cartuchos de percusión central:

▪ El pistón Berdan, inventado en Estados Unidos.
▪ El pistón Boxer, inventado en Inglaterra.

Pistón Boxer y Berdan

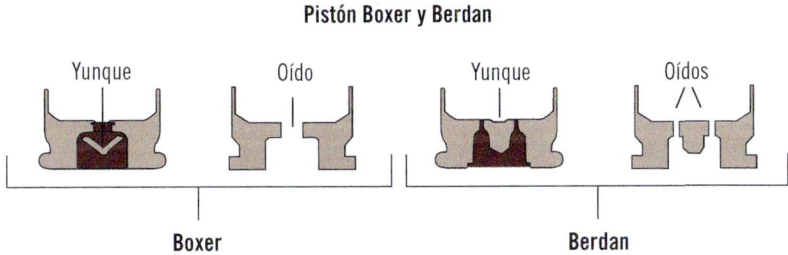

En la imagen anterior se puede apreciar cómo el oído, dentro de un proyectil, es un canal por el que se comunica el pistón con la carga de proyección, transmitiendo el fuego. El yunque es una pieza metálica que comprime la carga del pistón.

La diferencia entre los dos tipos de pistones a los que se acaba de hacer referencia es que, en el pistón Boxer, el yunque está metido a presión dentro del pistón y transmite el fuego a través de un oído. Sin embargo, en el pistón Berdan el yunque está en el centro del culote de la vaina presionando al pistón y la transmisión del fuego se realiza a través de dos oídos.

Sistemas de ignición

En lo que se refiere a los **sistemas de ignición** en los cartuchos metálicos, tres son los que pueden utilizarse: el sistema Lefaucheux, el sistema Flobert y el sistema Central. A continuación, se tratarán de exponer las características esenciales que definen a cada uno de ellos:

a. Sistema Lefaucheux:

I El pistón se aloja dentro de la vaina y es activado a través de una varilla que sobresale. Esta varilla atraviesa la vaina y se apoya en el interior del pistón.

I Las armas con esta munición carecen de aguja percutora, ya que la varilla hace de percutor, al estar incorporada al cartucho, y es el martillo el que golpea directamente sobre la varilla.

I Es un sistema en desuso a causa de la facilidad que presenta para producir de modo accidental la ignición del cartucho.

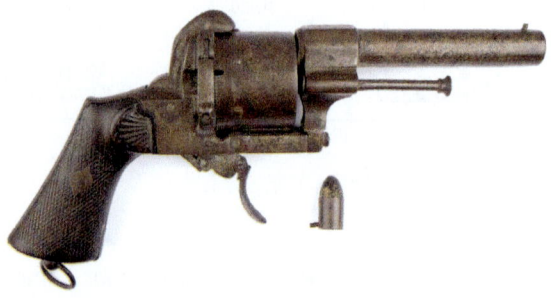

Cartucho y revolver de sistema Lefaucheux

b. Sistema Flobert:

I En este sistema, el fulminante se inserta en un reborde hueco del culote de la vaina para la ignición.

I Es el primer cartucho de percusión anular, ya que la aguja percutora debe incidir en cualquier parte del reborde del culote para iniciar la ignición.

c. Sistema Central:
el fulminante en este sistema está alojado en una cápsula que se introduce en el centro del culote de la vaina. La aguja percutora debe golpear en el centro de la vaina donde se aloja dicha cápsula iniciadora.

Actividades

6. ¿Cuáles son las características de un proyectil incendiario?
7. ¿En qué año hizo su aparición el sistema Lefaucheux? ¿Con qué otro nombre se conoce el sistema?

Cartucho semimetálico

Es un tipo de cartucho que se caracteriza porque solo una parte de la composición de la vaina es de metal, siendo la otra, generalmente, de plástico o también de papel.

Es habitualmente el utilizado en la escopeta.

El cartucho semimetálico presenta los siguientes **elementos o componentes:**

Partes de un cartucho

Proyectiles

Opérculo

Vaina

Proyectiles

Taco

Taco

Carga de proyección

Carga de proyección

Opérculo

Culote

Vaina

Pistón

Culote

Pistón

Vaina

Este elemento presenta una forma cilíndrica y suele estar fabricada en material plástico o papel impermeable que se introduce en un culote de latón, que puede tener distintas medidas de altura.

Pistón o cápsula

De la misma forma que en el cartucho metálico, en el semimetálico al que ahora se hace referencia, el pistón es una cápsula que contiene un fulminante necesario para iniciar la deflagración de la carga o pólvora.

Se ubica en el centro del culote de la vaina.

Carga de proyección o pólvora

Este elemento puede cambiar en los cartuchos semimetálicos, dependiendo del efecto que se quiera conseguir respecto a su velocidad de deflagración. Así, partiendo de la misma pólvora de nitrocelulosa o de las pólvoras de doble base formadas por nitrocelulosa, nitroglicerina y correctores, puede distinguirse entre pólvoras progresivas, regresivas y de emisión constante. En cada una de ellas, variará la velocidad de deflagración a base de cambiar la forma geométrica de los granos o de la propia composición.

Taco

Este componente es el que separa la pólvora del proyectil o proyectiles en el cartucho semimetálico.

Su función primordial es evitar que los proyectiles choquen entre sí, se deformen o fundan con la deflagración.

Antiguamente, el taco era meramente un círculo en cartón, corcho o serrín prensado. En la actualidad, sin embargo, el taco es un elemento de material plástico que presenta, a su vez, estos componentes:

■ Una base para obturar los gases de la deflagración o un contenedor para la pólvora.

■ Un pilar en forma de muelle que absorbe una parte de la energía de retroceso.

■ Un contenedor donde se aloja el proyectil o proyectiles, con unos cortes longitudinales para separarse de los proyectiles rápidamente al salir del cañón. Al tener menos densidad el taco cae a pocos metros de la salida del cañón.

Partes de un taco

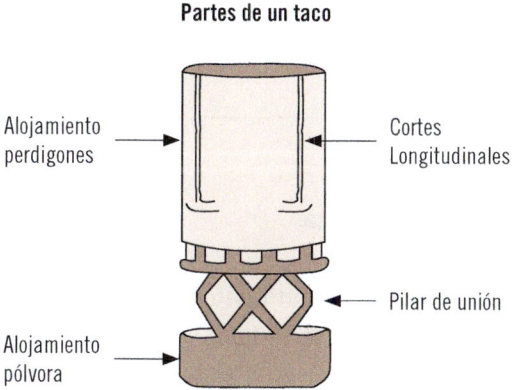

Alojamiento perdigones

Cortes Longitudinales

Pilar de unión

Alojamiento pólvora

Proyectil o proyectiles

Este elemento se puede presentar en diversas formas y materiales. Los más usuales son las bolas de plomo o acero.

Cuando el diámetro de las bolas está entre 9,14 mm y 6,1 mm se le denomina **posta** y cuando el diámetro es inferior a 5 mm recibe el nombre de **perdigón.**

Perdigones

Tapa opérculo

Este elemento facilita el cierre del cartucho, sellando el contenido de la vaina.

Aunque antiguamente la tapa u opérculo era un mero círculo similar al taco realizado en cartón, corcho o plástico, en la actualidad, sin embargo, es la propia vaina la que se utiliza para facilitar el cierre del cartucho, lo que suele hacerse en forma de estrella.

Actividades

8. Busque las características de la pólvora regresiva.
9. ¿Cómo se denomina la bola de plomo que tiene 4,5 mm?

3.3. Conservación y limpieza

La prolongación de la vida útil de un arma está en directa relación con el tipo de mantenimiento que se le haga, teniendo en cuenta que la oxidación suele ser el principal factor de envejecimiento del arma de fuego.

Para evitar que un arma se oxide o que, en general, se deteriore con facilidad, se le deberá proporcionar una serie de cuidados que hagan que la misma se mantenga limpia y protegida tanto en su interior como en el exterior.

Así, para realizar un adecuado mantenimiento se tendrán en cuenta las siguientes **consideraciones iniciales:**

1. El uso de una munición apropiada y de calidad repercute en el tipo de proyectil y pólvora. Esta, al entrar en combustión en el interior del arma, resulta ser uno de los elementos que más la ensucian. La adecuada limpieza del interior del arma evitará, pues, que la misma sufra interrupciones, que se encasquille y, en casos extremos, que se puedan producir sobrepresiones con el consiguiente peligro.
2. Debe evitarse, en la medida de lo posible, que el arma reciba algún golpe, así como el golpear con ella algún objeto, ya que ello puede producir importantes desajustes en sus piezas, desequilibrando todos sus mecanismos.

3. Nunca deben efectuarse disparos en vacío (disparar el arma sin cartucho), ya que esta acción provoca un daño en la aguja percutora. No obstante, hay que aclarar que existen en el mercado los llamados **cartuchos aliviapercutor** cuya función es precisamente la de realizar disparos en vacío con una finalidad de entrenamiento en el uso del arma.

Cartucho alivia percutor

Conservación

Las distintas medidas de conservación que pueden adoptarse en relación con cada arma dependerán, en todo caso, del uso que se les dé.

Pueden, no obstante, exponerse una serie de **cuidados mínimos** que variarán en función del periodo de tiempo en que se realicen las operaciones de mantenimiento y conservación del arma:

- **Cuidados diarios:** son los indicados cuando se trabaja a diario con armas. En este caso, después de cada servicio, se deberá eliminar de ella el polvo, la humedad y cualquier tipo de residuo. Para ello, se utilizará un paño de algodón y un aceite mineral neutro que servirán para eliminar cualquier posible resto de suciedad, facilitando al mismo tiempo al arma una capa de protección frente a la humedad del ambiente.
- **Cuidados a corto plazo:** están indicados para los casos en que el arma no se va a utilizar durante un corto espacio de tiempo (por ejemplo, durante las vacaciones). En este caso, el arma se debe limpiar del modo indicado para el cuidado diario y, a continuación, envolverla en un paño previamente humedecido con aceite mineral neutro, introduciendo todo ello en una bolsa de plástico cerrada.
- **Cuidados a largo plazo:** en estos casos, cuando al arma no vaya a ser utilizada en un largo periodo de tiempo, deberá impregnarse la misma en toda su extensión con una grasa específica para estos instrumentos o, si no se dispone de tal sustancia, con una vaselina neutra, envolviéndola en un papel parafinado o en plástico y colocándola en una caja o estuche.

 **Importante**

Todas las armas se guardarán siempre descargadas.

Utensilios para la limpieza del arma

Para llevar a cabo una correcta limpieza del arma, se deberá disponer, como mínimo, de los siguientes utensilios:

1. **Baqueta:** este instrumento será de un tamaño adecuado -que permita traspasar el cañón- y, a su vez, giratoria para poder eliminar los residuos en las armas de ánima rayada. La baqueta giratoria sirve igual para las armas de ánima lisa.

2. **Cepillos:** deberán ser ajustados al calibre del arma. Existen en el mercado diversos tipos y de muy distintos materiales, aunque son los de bronce los más utilizados para retirar los residuos de plomo adheridos a las paredes del cañón. También son indicados los de acero por si alguna partícula se resistiera al cepillo de bronce. Los cepillos que resulten necesarios en cada caso, se ajustarán mediante rosca en el extremo de la baqueta.

3. **Varilla de ojal:** es un utensilio que suele tener un orificio en el extremo para permitir el paso de un trozo de paño (como si se tratase de aguja e hilo). Se utiliza fundamentalmente para retirar la suciedad desincrustada, impregnar de disolvente o aceite y retirar el exceso del mismo. Los kits de limpieza disponibles en el mercado suelen también incorporar cepillos de lana o algodón para realizar la misma limpieza que la descrita para la varilla de ojal.

4. **Cepillos específicos:** son necesarios también cepillos específicos para la limpieza de las ranuras de las piezas. En caso de no disponer de uno a tal efecto, servirá también un cepillo de dientes.

5. **Disolventes específicos para armas:** no se usarán nunca esmeriles (minerales de extrema dureza, usados para hacer polvo abrasivo), ya que pueden dañar cualquier pieza del arma.

6. **Aceites minerales neutros:** estos aceites servirán para el engrase de las piezas y como protección frente a la humedad.
7. **Vaselina neutra líquida:** se utiliza para proteger el arma si esta no va a ser usada en un largo periodo de tiempo.

Limpieza de un arma

Es preciso llevar a cabo la limpieza del arma cada seis meses, aun cuando el arma no se haya disparado durante este tiempo.

Para iniciar las operaciones de limpieza es esencial no olvidar que el primer paso lo integra siempre una medida de precaución ineludible: **verificar que el arma no está cargada ni alimentada.**

Se descargará, por tanto, el arma comprobando de nuevo que no hay cartuchos ni en las recámaras del tambor, en el caso del revólver, ni en el cerrojo y en el tubo de alimentación, en el caso de la escopeta reglamentaria.

Se deberán limpiar las piezas que se hayan ensuciado por el disparo. Para ello, se procederá a desmontar, retirando siempre la menor cantidad posible de piezas, para así limpiarla de modo más cómodo y en profundidad.

Las personas no expertas o que carezcan de la habilidad suficiente para desmontar el arma, no intentarán hacerlo con todas las piezas posibles. Un desmontaje y montaje incorrectos podrían producir un importante desajuste en los distintos mecanismos.

Realizado un desmontaje básico, se procederá del modo siguiente y por el siguiente orden:

a. Se lavarán con disolvente las piezas fogueadas, utilizando la baqueta con el cepillo de bronce o acero para el cañón y los cepillos específicos para las zonas que no precisan de baqueta.
b. Se retirarán las partículas y restos de disolvente con la varilla de ojal para el cañón, utilizando varios trapos de algodón hasta observar que los mismos salen limpios y las piezas totalmente secas.

c. Se añadirá después aceite lubricante a todas las piezas procurando no engrasar en exceso y eliminando siempre el excedente, dejando una fina capa de protección.

La parte exterior del arma puede limpiarse con un cepillo específico y un paño de algodón impregnado con aceite, procurando en todo caso eliminar el exceso del mismo.

Debe advertirse que en lugares donde el clima es muy seco y polvoriento, resulta aconsejable limpiar el arma sin aplicar externamente la capa de protección de aceite, ya que ello solo serviría para que se adhiriesen algunas partículas al arma.

Limpieza de un revólver

Conservación y limpieza de munición

A diferencia de las armas de fuego, su munición, como regla general, no precisará la realización de ninguna operación de limpieza, aunque sí la adopción de medidas adecuadas para su conservación, especialmente para protegerla de la humedad. Para ello, se procurará mantener la munición lejos de las fuentes de humedad, almacenándola siempre en lugares frescos y secos, y en todo caso evitando hacerlo en lugares de altas temperaturas.

Los propios envases originales de la cartuchería son lugares perfectos para su almacenaje, al igual que lo es también cualquier caja de madera.

Aplicación práctica

María presta servicios como vigilante de seguridad de explosivos en una fábrica de pirotecnia. Este servicio exige su prestación con armas de fuego, por lo que unos días antes de las vacaciones de verano que ha previsto pasar en la playa con sus dos hijos pequeños, ha recibido, a través de la aplicación de su móvil corporativo, un aviso de la empresa para la que trabaja comunicándole que debe seleccionar, entre los propuestos, el día que desea acudir a realizar el ejercicio obligatorio de tiro.

Dado que está pendiente de la organización de las vacaciones al mismo tiempo que sigue trabajando, María elige el último día antes de las vacaciones para cumplimentar dicho ejercicio.

1. Indique qué tipo de mantenimiento y limpieza deberá realizar María al arma de servicio.
2. Dado que va a salir de vacaciones al día siguiente, María debe comprobar si están en correctas condiciones de uso los utensilios que habrá de usar para la adecuada limpieza del arma. Identifique cuáles son estos utensilios básicos con los que deberá contar.

SOLUCIÓN

1. María deberá limpiar el arma después del ejercicio de tiro, eliminando todos los restos de pólvora y plomo en las piezas que han estado expuestas a la deflagración como el cañón, las recámaras del tambor, etc. Siendo su último día de trabajo, al depositar el arma para las vacaciones, María guardará el arma limpia, protegiéndola con un paño impregnado en aceite e introduciendo el arma en una bolsa de plástico para su protección durante el periodo de vacaciones.
2. Para llevar a cabo una correcta limpieza del arma, deberá utilizar una baqueta giratoria, de longitud superior al cañón y del grosor adecuado para limpiar los restos de pólvora causados por los disparos en el ejercicio de tiro. Igualmente, deberá tener en buenas condiciones de uso el cepillo que se ajuste al calibre del arma. Deberá también revisar si le queda suficiente disolvente específico para armas y, para aplicarlo convenientemente, si está en buen estado la varilla de ojal. Finalmente, comprobará que cuenta con una cantidad suficiente de aceite mineral neutro para engrasar las piezas y para recubrir el arma como medio de protección frente a la humedad. Revisará, para terminar, si tiene vaselina neutra líquida ya que, como el arma no va a ser usada durante un mes, será preciso protegerla adecuadamente durante este tiempo.

4. Balística y teoría del tiro

En el mecanismo de disparo de un arma de fuego, con dicho disparo, se produce la deflagración de la pólvora y que los gases que produce ejerzan presión buscando una salida. Esta presión es transformada en dos fuerzas distintas: una, para lanzar el proyectil a través del cañón; la segunda, en forma de retroceso del arma.

A partir de este momento, el proyectil realiza un recorrido que es estudiado por la "balística"; un concepto que sirve para identificar a la ciencia que estudia el comportamiento de los proyectiles.

Todo proyectil disparado atraviesa varios **recorridos o fases:**

1. El primer recorrido se desarrolla a través del cañón del arma. Esta fase es estudiada por la balística interna.
2. El segundo recorrido, entre la salida del arma y el blanco. Del estudio de esta fase se encarga la balística externa, en la que además se precisan todos los elementos que conforman la teoría del tiro.
3. El tercer y último recorrido se produce con la llegada al blanco, con la producción del impacto. Esta es la fase estudiada por la balística de efectos.

4.1. Teoría del tiro

Desde un punto de vista técnico, cuando se utiliza el concepto **"tiro"** no se está haciendo solo referencia a la acción de disparar un arma. Por el contrario, dentro de este término deben entenderse incluidos también otros conceptos técnicos tales como seguridad, puntería y precisión.

Para estudiar los postulados propios de la teoría del tiro hay que situarse en un punto de partida básico y es que, si se sujeta un arma de manera inamovible y se disparan dos proyectiles, en ninguno de los dos disparos se obtendrá un mismo impacto. Ello es debido a que, en cada disparo, actúan distintas fuerzas y causas que afectan al recorrido seguido por cada proyectil.

Desde que se produce el golpe del percutor en el pistón o fulminante hasta que tienen lugar el impacto y parada, el proyectil se comporta de manera distinta en cada caso. Esto se produce, en primer lugar, por la comunicación del fulminante a la pólvora y su deflagración, produciendo los gases que provocan una fuerza de proyección que impulsan el proyectil. Tal fuerza provoca su entrada en el cañón, produciendo, a su vez, otra fuerza, en este caso, de rotación debido a las estrías existentes en el interior del cañón, lo que, tal y como se ha comentado, sirve para proporcionar estabilidad y capacidad de penetración del proyectil en las capas del aire.

A partir de la salida del proyectil del cañón comienzan a actuar distintas fuerzas que producen un frenado en su recorrido. Tales fuerzas son la resistencia del aire y la gravedad de la tierra que atrae al proyectil hacia el suelo, provocando así un recorrido que adquiere finalmente forma de parábola.

Desde que se produce su salida del cañón hasta que tiene lugar el impacto, el proyectil realiza una **trayectoria** que en la teoría del tiro es definida como la línea imaginaria descrita por el centro de gravedad del proyectil durante su recorrido por el aire.

Dentro de la trayectoria del proyectil pueden distinguirse los siguientes **conceptos** que es imprescindible conocer para poder explicar, desde una perspectiva técnica, su comportamiento hasta el impacto:

- **Origen de la trayectoria:** se sitúa en el centro de la boca de fuego en el momento del disparo.
- **Plano horizontal, horizonte del arma:** es el que pasa por el origen de la trayectoria.
- **Vértice de la trayectoria:** es el punto más alto de la trayectoria en relación con el plano horizontal.
- **Rama ascendente:** es la parte de la trayectoria comprendida entre el origen y el vértice.
- **Rama descendente:** es la parte de la trayectoria comprendida entre el vértice y el punto de impacto.
- **Punto de caída:** es el punto de la trayectoria en el cual la rama descendente se encuentra el horizonte del arma.
- **Punto de impacto:** es el punto en que la trayectoria encuentra el blanco.

Junto a lo anterior, resulta también de interés conocer el sentido técnico que se atribuye, dentro de la teoría del tiro, a los siguientes **elementos:**

- **Eje del arma:** es el eje geométrico del ánima del cañón.
- **Línea de tiro:** es la prolongación indefinida del eje del arma.
- **Línea de mira:** es la línea definida por el alza y el punto de mira.
- **Línea de situación:** es la línea que une el origen de la trayectoria con el punto de impacto. La línea de situación puede estar por encima del plano del horizonte, por debajo o en el plano del horizonte.
- **Línea de proyección:** es la prolongación del eje del cañón cuando el proyectil abandona la boca de fuego. Habitualmente no coincide con la línea de tiro, ya que el arma ha cambiado de posición de la que tenía antes del disparo.
- **Altura de tiro o flecha:** es la mayor perpendicular desde la línea de situación a la trayectoria.
- **Ordenada máxima:** es la vertical trazada desde el plano horizontal hasta el vértice de la trayectoria.
- **Ángulo de tiro:** es el formado por la línea de tiro y el plano horizontal (1).
- **Ángulo de mira:** es el formado por la línea de tiro y la línea de mira (2).
- **Ángulo de elevación:** es el formado por la línea de tiro y la de situación (3).
- **Ángulo de situación:** es el formado por la línea de situación y el plano horizontal. El ángulo será positivo si la línea de situación está por encima del plano horizontal, negativo si está por debajo y nulo si la línea de situación coincide con el plano horizontal (4).
- **Ángulo de vibración:** es el formado por la línea de proyección y la línea de tiro (5).
- **Ángulo de proyección:** es el formado por la línea de proyección y el plano horizontal (6).

Conceptos de la teoría del tiro

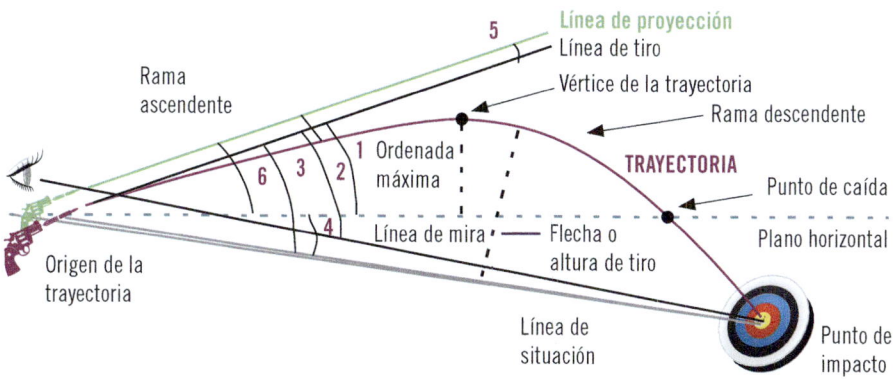

Actividades

10. ¿Qué línea une el origen de la trayectoria con el punto de impacto en la teoría del tiro?
11. ¿Qué ángulo está formado por la línea de tiro y la línea de mira?

La trayectoria de un proyectil puede resultar modificada por la acción de distintos factores entre los que se encuentran, por ejemplo, los meteorológicos. Este tipo de factores en concreto influyen porque, cuanto menor sea la presión atmosférica y más alta la temperatura, la distancia alcanzada por el proyectil en su trayectoria será mayor. Igualmente, está comprobado que, aun no siendo muy perceptible, el viento y la dirección del mismo repercutirán en la trayectoria tanto en relación con la distancia como respecto a la precisión; un concepto, este último, que es necesario definir desde el punto de vista de la teoría del tiro.

La **precisión** es, así, la distribución de los impactos en el blanco en una serie de disparos realizados por la misma arma, tirador y condiciones.

Con la precisión en un disparo, lo que se persigue es la agrupación de los impactos en un mismo lugar, centrado, que recibe por ello el nombre de **centro**

de impactos. Así, cuanto más alejados estén los impactos del centro de impactos mayor será la dispersión.

Precisión y puntería

Como se puede apreciar en la imagen de las dianas, el primer tirador, aunque con poca puntería, consigue una buena agrupación de impactos. Ello revela una buena precisión de disparo. El tirador de la segunda diana, en cambio, tiene buena puntería pero mucha dispersión en los impactos, lo que supone una escasa precisión. En la tercera diana el tirador consigue una agrupación excelente y en el lugar preciso, lo que revela buena precisión y puntería.

Son varias las **causas** a las que se puede imputar un resultado inexacto en el tiro, provocando que el centro de impacto no se encuentre en el centro de la diana. Tales causas tienen su origen básicamente en un factor mecánico o a un factor humano:

a. Los **factores mecánicos** son debidos a la propia arma y deben ser corregidos directamente sobre ella. Concretamente en el alza y en el punto de mira.
   Para llevar a cabo la corrección, conviene tener presente que la línea de tiro -que es el eje del cañón- no se modifica, sino que lo que se modifica es la línea de mira. Para ello, se utilizará la situación del centro de impactos: si el centro de impacto está por encima del centro de la diana o blanco, se modificará el tiro bajando el punto de mira o subiendo el alza. En caso contrario, si el centro de impacto está por debajo del centro de la diana, se subirá el punto de mira o se bajará el alza.
   En el caso, por el contrario, de que el error sea de lateralidad y no de altura, si el centro de impacto se encuentra a la derecha del centro de la diana, se moverá el punto de mira a la izquierda o el alza a la derecha.

En caso contrario, encontrándose el centro de impacto a la izquierda del centro de la diana, se deberá mover el punto de mira a la derecha o el alza a la izquierda.

b. En relación con el **factor humano** que provoca que no se consiga un tiro exacto, pueden considerarse con relevancia los siguientes posibles errores:

- Una posición errónea del tirador que provoca una tensión muscular excesiva según va pasando el tiempo. Ello hace que la tensión incremente y el esfuerzo por mantener el arma en disposición de disparo sea más cansada, dando lugar a los errores por temblor o balanceo.
- El empuñamiento incorrecto del arma es también un factor importante, puesto que la posición del arma en la mano debe formar un eje con el brazo.
- El accionamiento del disparador debe realizarse con la yema del dedo. Una presión que se efectúa con la segunda falange o con la punta del dedo a la hora de accionar el disparador, provocará un movimiento en el arma que se traducirá en un error.

Eje de empuñadura

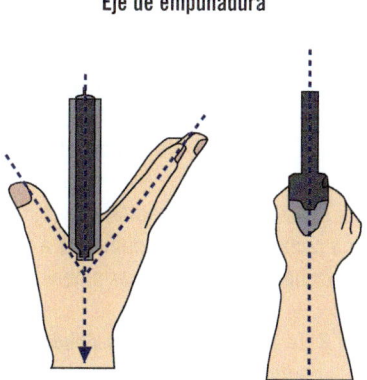

- Visualizar incorrectamente los mecanismos de puntería o alinearlos mal con el blanco son igualmente errores que provocan desplazamientos en el tiro. La focalización de los tres elementos en la puntería (alza, punto de mira y objetivo) se realiza llevando la visión entre el alza y el punto de mira, lo que provoca que se focalicen ambos y el objetivo se vea borroso.

Como se puede comprobar en la siguiente imagen, la alineación del alza y el punto de mira no son correctos y provocan un **error angular.** Este se produce cuando la línea del ojo con el blanco no es correcta respecto de la línea de tiro o eje del cañón del arma.

Error de alineación de tiro

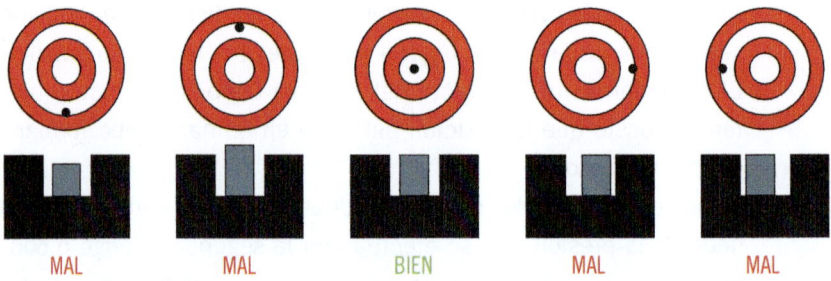

MAL   MAL   BIEN   MAL   MAL

Aplicación práctica

Rafa obtuvo hace tres años su habilitación como vigilante de seguridad de explosivos. Debe, por ello, prestar el servicio con armas de fuego, por lo que está obligado a superar los mínimos exigibles en el ejercicio de tiro anual, que es obligatorio.

En su ejercicio anterior obtuvo una puntuación muy ajustada, por lo que ha decidido mejorar tanto la técnica como la puntería acudiendo a una galería de tiro para recibir los consejos del instructor con el fin de mejorar ambos aspectos.

El instructor revisa con Rafa toda la teoría que debe conocer para realizar correctamente los ejercicios y, a continuación, se dirigen ambos a la galería para ejecutar las prácticas. Allí, el instructor realiza una serie de disparos para comprobar que el arma está en perfecto estado, cediendo a continuación la misma arma a Rafa que, a la orden del director de tiro, comienza a ejecutar el ejercicio. Una vez terminado, comprueban que los impactos se están produciendo en casi todos los casos por debajo del blanco y hacia la zona izquierda de la diana.

Continúa en página siguiente >>

<< Viene de página anterior

Con los datos ofrecidos, teniendo en cuenta que Rafa se juega la continuación en la titularidad de la licencia de armas que le permite trabajar como vigilante de seguridad de explosivos y que, por ello, sufre una gran ansiedad, examine, desde una perspectiva técnica, cuál o cuáles podrían ser los errores que esté cometiendo Rafa en los ejercicios de práctica y cómo debería corregirlos para evitar que se produzcan el día de la tirada oficial.

SOLUCIÓN

En primer lugar, está fallando tantos impactos porque su postura para el disparo no será la correcta debido a una fuerte tensión y rigidez muscular que le impide mantener el arma en la posición correcta, evitando cualquier balanceo o movimiento involuntario.

Dado que el resultado del error que comete es típico, el empuñamiento que realiza del arma no es correcto y está disparando con la punta del dedo, y no con la yema del dedo, lo que está provocando que el arma se gire y que el disparo, al ser diestro Rafa, esté desviado hacia la izquierda.

Provocado o no por la ansiedad, lo cierto es que Rafa no focaliza correctamente los elementos de puntería (el punto de mira y el alza) con el blanco.

Finalmente, Rafa podría estar cometiendo un error angular de alineación del alza y el punto de mira, dejando el punto de mira por debajo del alza y más orientado a la izquierda en lugar de centrado, lo que provocará el error indicado en el texto.

4.2. Balística interna

La balística interna es la parte de la ciencia de la balística que se encarga del estudio del interior del arma y del proyectil mismo, desde que este se introduce dentro del arma como cartucho hasta que sale por la boca del cañón.

En particular, la balística interna estudia los calibres de las armas de fuego, el giro que provoca en el proyectil las estrías del ánima, la combustión de los gases, el desplazamiento del proyectil y el comportamiento de todas las piezas que conforman un arma.

Cada arma de fuego tiene sus propias características (se habla, por ello, de la "personalidad del arma") que hacen que el conjunto de marcas que produce en el cartucho, tanto a la vaina como al proyectil, sean únicas. Se convierten, así, en algo parecido a una seña de identidad del arma.

El proyectil tiene un diámetro superior al cañón para provocar un forzamiento en este último y que las estrías y los campos del ánima le fuercen a girar en su mismo sentido. Este forzamiento provoca una serie de señales o muescas con características propias en el cuerpo del proyectil.

En particular, en el revólver, aparte de la de las estrías, se produce también otra marca característica que se origina en el momento de salir el proyectil del tambor y la entrada al cañón. Tal marca está provocada por el hecho de que el eje de simetría entre la cámara del tambor no coincide con el eje del cañón, lo que provoca que roce en algún punto de la entrada del cañón, dejando lo que se conoce como **marca de abocamiento** en el proyectil.

La vaina, al igual que el proyectil, recibe una serie de marcas por distintas piezas del arma:

- La aguja percutora, al impactar con su parte delantera en el culote de las vainas, imprime una marca característica.
- La uña extractora que se encarga de sacar la vaina de la recámara deja una marca particular de los puntos de contacto.

4.3. Balística externa

La balística externa es la parte de la balística que estudia la conducta de los proyectiles desde su salida del cañón hasta llegar al blanco.

Dentro de la balística externa, el especialista estudia los factores que influyen en la trayectoria del proyectil; unos factores que pueden tener su origen tanto en fenómenos atmosféricos (la dirección del viento, la temperatura y presión atmosférica) como en las propias características del proyectil (su calibre, el tipo y cantidad de pólvora en el cartucho, etc.).

Con especial relevancia, dentro de esta especialidad de la ciencia de la balística, se estudian los cuatro tipos de movimientos que se producen en un proyectil, al ser disparado por un arma de fuego estriada. Estos movimientos son los de traslación, parabólico, de rotación y péndulas o giroscópico. A continuación, se exponen algunas características definitorias de cada uno de ellos:

a. El **movimiento de traslación** se produce en el instante mismo en que la expansión de los gases formados por la deflagración de la carga de proyección empuja al proyectil hasta que este choca con el blanco o el terreno y es detenido.

b. El **movimiento parabólico** es, la consecuencia de la fuerza de gravedad y la resistencia del aire, que hacen que el proyectil pierda velocidad y disminuya la altura, creando una trayectoria en forma de curva.

c. El **movimiento de rotación** es aquel movimiento del proyectil producido sobre su eje y provocado por las estrías del ánima del cañón.

d. El **movimiento péndular o giroscópico** se produce en el proyectil al desestabilizarse su centro de gravedad debido a los movimientos de traslación y rotación, lo que provoca un movimiento de cabeceo. En el diseño de los proyectiles se busca la estabilidad, teniendo en cuenta este movimiento y evitando que el proyectil voltee sobre sí mismo y pierda la energía cinética con la que es impulsado.

La energía cinética es la energía de un cuerpo como consecuencia del movimiento. Para que un cuerpo obtenga energía cinética o movimiento es necesario emplear una fuerza. Cuanta mayor fuerza se emplee, mayor será la velocidad y, por tanto, mayor la energía cinética del objeto.

 Nota

La balística externa se ocupa, asimismo, de estudiar las distintas velocidades que obtiene el proyectil; desde la inicial que tiene a la salida del cañón hasta la velocidad de impacto en el momento que el proyectil encuentra el blanco.

4.4. Balística de efectos

La tercera rama que dentro de la ciencia de la balística puede distinguirse, es la balística de efectos.

Es aquella parte de la balística que se dedica al estudio de los efectos en el proyectil y en el blanco desde que impacta hasta que se para. Se estudian, por ello, dentro de esta especialidad tanto el poder de penetración como la deformidad en el blanco y en el proyectil, la trayectoria del proyectil en el blanco y la capacidad de liberación de la energía cinética, entre otros aspectos relevantes.

Conforme a los postulados de esta rama científica, puede afirmarse que un proyectil que es capaz de liberar toda su energía cinética en un impacto tendrá un poder de penetración menor, pero un gran poder de parada al liberar su energía cinética o velocidad. Sin embargo, un proyectil que no libera toda su energía cinética en un impacto tendrá un alto poder de penetración y atravesará el blanco siguiendo su recorrido.

La balística de efectos, al igual que el resto de las ramas específicas de la balística en general, no promueve estudios solo teóricos en lo relativo al tiro, sino que sus formulaciones tienen una traducción eminentemente práctica. Ello ha dado lugar a que, en la actualidad, por ejemplo, se haya impuesto que los proyectiles utilizados en las armas reglamentarias de las Fuerzas y Cuerpos de Seguridad tengan un gran poder de parada y neutralicen más rápidamente al atacante anulando su capacidad ofensiva; lo que se consigue, con base en los estudios de la balística de efectos, con proyectiles expansivos que liberan toda su velocidad o energía cinética en el momento del impacto.

*Proyectil punta hueca
expansiva después
del impacto*

Dentro de la balística de efectos, debe hacerse también una somera referencia a la llamada **teoría de la cavitación.** En ella se contempla cómo, una vez que un proyectil penetra en un cuerpo, el aire entra también detrás a la misma velocidad llenando los espacios vacíos. El cuerpo impactado reacciona, a su vez, con líquidos llenando esos mismos espacios. Cuando el proyectil abandona el cuerpo lo hace con un orificio de salida igual a su calibre, pero el aire que va detrás también tiene que salir por el mismo orificio arrastrando los elementos que ha encontrado a su paso. Se produce entonces un ensanchamiento en el orificio de salida en forma de estallido. Esto es por lo que, habitualmente, los orificios de salida de los proyectiles en un cuerpo son más anchos que los de entrada. Este ensanchamiento es el efecto que, en concreto, se produce por la cavitación.

Orificio de entrada y salida de un proyectil

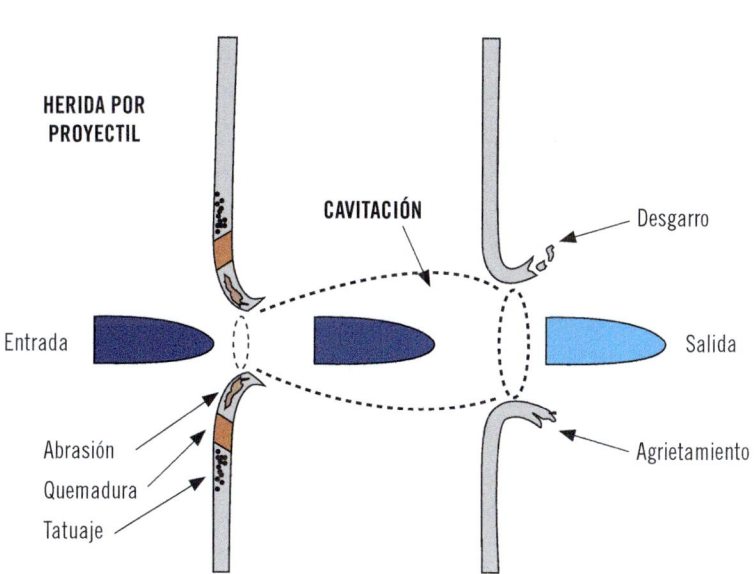

Distancia del disparo

Dentro de la balística de efectos, existe una subcategoría científica que es la **balística forense.** Se encarga, en general, del estudio de los efectos producidos por las distintas armas.

Dentro de esta balística forense, y con relación a las armas de fuego, que es la materia objeto de estudio en este manual, será preciso hacer a continuación algunas **descripciones** de los conceptos más frecuentemente utilizados:

1. **Tatuaje:** se entiende, en el ámbito de la ciencia de la balística, toda aquella formación producida por los componentes que acompañan al proyectil en el disparo. El tatuaje está, en general, constituido por incrustaciones de granos de pólvora no quemados, quemadura de la llama o fogonazo y ennegrecimiento por el negro del humo. En la actualidad, sin embargo, es posible que este método de estudio no sea del todo viable por el cambio producido en las pólvoras antiguas a las actuales de nitrocelulosa.

    Según las características del orificio de entrada de un proyectil, la balística forense puede llegar a establecer la distancia a la que se ha efectuado un disparo.

2. **Disparos a bocajarro:** técnicamente, son aquellos que se producen cuando la boca de fuego del arma está en contacto con la superficie del cuerpo. El orificio de entrada tiene forma de estrella provocado por los desgarros de la acción de los gases y ennegrecido por el negro del humo. Este tipo de disparo es habitual en los suicidios.

3. **Disparos a quemarropa:** son los disparos realizados a una distancia menor al alcance de la llama (aproximadamente, 20 cm). En este tipo de disparos, el orificio de entrada tiene un tatuaje ennegrecido por el humo y presenta un aspecto chamuscado por la llama al tiempo que incrustaciones en la piel causadas por los granos de pólvora. Estas circunstancias no se darán en la piel si el disparo se ha realizado a una zona tapada con ropa. En caso contrario, sí tendrá estos elementos y es por lo que recibe este nombre de "disparo a quemarropa". En general, esos signos son reveladores de actos terroristas tales como un tiro en la nuca de la víctima.

4. **Disparos a corta distancia:** son los efectuados a una distancia superior al alcance de la llama (aprox. 50 cm) e inferior al alcance del resto de los elementos que integran el tatuaje. Como signos externos, presentan alrededor del orificio granos de pólvora no quemados y el negro de humo; signos que desaparecen fácilmente, sin embargo, con un mero lavado, ya que no llega a haber incrustación alguna en la piel como consecuencia de estos disparos.

5. **Disparos a larga distancia:** son aquellos que se efectúan a distancias superiores (aprox. 1 m) al alcance de los elementos que integran el tatuaje. Alrededor del orificio de entrada solo se encuentra el llamado "anillo de Fish".

Importante

El anillo de Fish es una marca que se produce alrededor del orificio de entrada. Tiene lugar por la unión del collarete erosivo que se origina por la contusión y erosión del proyectil y el collarete de limpiado que está constituido por la suciedad que arrastra el proyectil a su paso por el arma y se deposita sobre el collarete erosivo.

5. Normas generales y específicas de seguridad en el manejo de las armas

Si el adecuado mantenimiento del arma es una condición necesaria para garantizar el correcto funcionamiento de la misma, evitando la producción de riesgos añadidos a los propios de su manejo, cualquier persona que deba, por razones profesionales o deportivas, utilizarla, habrá de observar ineludiblemente una serie de normas básicas de seguridad, sobre todo teniendo en cuenta que la mayor parte de los accidentes con armas de fuego tienen lugar, bien durante la realización de ejercicios de tiro o bien cuando se realiza la limpieza de las armas, por la curiosidad por otras armas que no se conocen, o por tenerlas en el domicilio, al alcance de personas que no están ni capacitadas ni autorizadas para portarlas, menos aún para utilizarlas.

5.1. Normas de seguridad generales

La elaboración de un catálogo de normas básicas de seguridad en el manejo de cualquier arma de fuego es fruto de los estudios realizados a partir de accidentes producidos como consecuencia de un defectuoso o negligente uso y custodia de las mismas.

De entre estas normas básicas, convendrá destacar como una de las más relevantes la que debe llevar al portador y/o usuario de un arma de fuego a la regla de que su manipulación ha de llevarse a cabo siempre y sin excepción como si estuviese cargada. Por ello, aun cuando, como es preceptivo, el arma que no vaya a ser utilizada se haya descargado, se deberá seguir manejándose siempre como si estuviese efectivamente cargada. El automatismo que con el tiempo se sigue en todas las conductas presenta, como es evidente, mayores garantías cuando el mismo se ha memorizado, respetando los parámetros de seguridad exigibles.

Recuerde

La mayor parte de los accidentes con armas de fuego atienden fundamentalmente a cuatro factores:

- Realización de ejercicios de tiro.
- Realización del mantenimiento y limpieza del arma.
- Curiosidad y manipulación de armas que no se conocen.
- Por tenerlas en el domicilio al alcance de personas no autorizadas ni capacitadas para usarlas.

Los accidentes producidos en el manejo de un arma de fuego son debidos con más frecuencia a los errores humanos que a los mecánicos. Los primeros suelen producirse por la manipulación de un arma que guarda aún un cartucho en la recámara, por la manipulación con el cargador puesto, por una falta de conocimiento suficiente sobre su funcionamiento y, en no pocas ocasiones, por la excesiva confianza del usuario en su capacidad y habilidad para manejarla.

Por ello, se adoptarán sin excepción las siguientes **precauciones** como **normas de seguridad:**

a. Siempre se mantendrán las armas apuntando a zona segura, con cargador, sin cargador, con seguro y sin seguro. Nunca se tendrá en la línea de tiro del arma a ninguna persona, tampoco al propio portador.

b. Siempre que se coja un arma se comprobará su estado, esto es, si tiene o no bala en la recámara; si tiene o no cargador con munición, etc. Siempre que se haya perdido de vista el arma por dejarla depositada en un armero o por cualquier circunstancia, se comprobará también su estado al recogerla.

c. Se mantendrá en todo caso el dedo fuera del guardamonte hasta el momento de realizar el disparo.

d. No se manipulará ningún arma si es ajena o si se desconoce su funcionamiento, ya que no se conoce qué manipulaciones se han podido realizar por sus dueños.

e. Se debe siempre comprobar que el cañón está libre de obstrucciones antes de disparar.

f. Las prácticas de desenfunde se realizarán con el arma descargada.

g. No se mirará ni se aproximará la mano por la boca del cañón, si el arma no está abierta y descargada.

h. Las armas descargadas y la munición se guardarán en lugares distintos, alejados del alcance de otras personas, especialmente de los niños.

i. Nunca se limpiará el arma en presencia de otras personas.

j. No se utilizarán armas bajo los efectos de drogas, alcohol o medicamentos que alteren el estado de plena conciencia.

5.2. Normas de seguridad específicas

Las que se acaban de enumerar son las normas generales en el manejo de las armas. Junto a ellas deberán tenerse en cuenta las de carácter específico que deberán regir en los diferentes ámbitos o momentos en los que el arma puede o deber ser portada; especialmente, durante el servicio y en la galería de tiro.

Las normas que se deben tener en cuenta **durante el servicio** son las siguientes:

- El arma reglamentaria se portará en una funda específica para el modelo del que se trate. Así se evitarán posibles balanceos o su caída accidental.
- No se mostrará ni enseñará a nadie el arma durante el servicio, excepción hecha de la autoridad competente.
- No se manipulará el arma dentro de un vehículo, salvo en caso de necesidad motivada por la prestación del servicio.

Y en la **galería de tiro** son las siguientes:

- Se realizarán los ejercicios ateniéndose siempre a las directrices y normas de seguridad que dicte el instructor o director de tiro.
- Se guardará el más absoluto silencio para poder atender a las explicaciones y órdenes de tiro del instructor.
- Se esperará la orden de acercarse a su puesto de tirador y no se abandonará hasta que se dé la orden.
- Es obligatorio el uso de gafas y cascos para la protección de ojos y oídos.
- El tirador no tocará ni desenfundará, en su caso, el arma hasta que reciba la orden.
- Cuando el arma se encuentre en el puesto, el cañón de la misma permanecerá en todo momento en dirección a los blancos. En el caso del revólver, con el tambor extraído de la ventana, y en el caso de la pistola con el cargador extraído, corredera atrás y ventana de expulsión abierta mirando hacia arriba.
- No se alimentará, ni se cargará, ni se disparará el arma, hasta recibir cada una de las órdenes específicas del instructor o director de tiro.
- Cuando se empuñe el arma, antes de apuntar y disparar, se mantendrá la misma en un ángulo de 45°, apuntando al suelo en dirección a los blancos.
- Se mantendrá el dedo fuera del guardamonte hasta la orden de disparo.
- Una vez terminado el ejercicio, se enfundará el arma o se dejará abierta en el puesto según el ejercicio a la orden del instructor o director del tiro.
- Si durante el ejercicio se produce alguna interrupción en el arma y no se sabe solucionar el problema, se levantará la mano, mientras se mantiene el arma en dirección a los blancos y se esperará a que el instructor solucione la interrupción.

■ El tirador no se dirigirá a los blancos hasta recibir la orden del instructor. Esto es debido a la posibilidad de que algún tirador en la línea de tiro haya podido tener alguna interrupción y no haya terminado su tirada.

6. Resumen

El Reglamento de Armas vigente clasifica las armas de fuego con la finalidad de sistematizar también, en función de tal clasificación, las licencias que permiten el uso de cada una de ellas.

Además de la que contiene el Reglamento de Armas, son muchas las clasificaciones que admiten las armas de fuego, considerando determinadas características tales como:

■ Tamaño
■ Modo de carga
■ Sistema de disparo
■ Forma interior del cañón

A nivel de disposiciones reglamentarias, el Reglamento de Seguridad Privada y el Reglamento de Armas determinan claramente qué armas son las permitidas para el vigilante de seguridad, y su especialidad de vigilante de explosivos, en aquellos servicios en los que está dispuesto el uso de armas. De igual modo, regulan tales reglamentos qué tipo de licencia (tipo C) se debe obtener por dichos profesionales para la prestación de estos servicios con armas.

Además de las reglamentarias, el vigilante de seguridad de explosivos deberá conocer qué armas tienen la consideración de prohibidas según la normativa vigente.

Son armas reglamentarias para el vigilante de explosivos el revólver de 4 pulgadas calibre 38 especial y la escopeta de calibre 12/70 con cartucho de 12 postas comprendidos en un taco contenedor.

La seguridad que debe buscarse siempre en el uso de armas de fuego pasa necesariamente por la ejecución de un correcto mantenimiento y conservación de las mismas. Para ello, será preciso que el titular o usuario conozca cuáles son los cuidados que han de procurarse al arma de fuego y a su munición a diario, tanto si se utiliza para el trabajo, después de ser disparada, como cuando no se va a utilizar en un más o menos largo periodo de tiempo. Estos cuidados pasan por una adecuada limpieza del arma con los utensilios específicamente diseñados con tal finalidad.

Dentro de la teoría del tiro se estudian los comportamientos de los proyectiles en su trayectoria hacia el blanco y las circunstancias que influyen para que distintos proyectiles, incluso disparados desde la misma arma y en momentos sucesivos, realicen recorridos distintos.

Por su parte, la balística es la ciencia que estudia las armas y los cartuchos. Pueden distinguirse dentro de ella tres ramas de estudio que gozan de autonomía y sustantividad propias: balística interna, balística externa y balística de efectos.

El uso de cualesquiera armas de fuego requiere la observancia de unas normas básicas de seguridad. Con estas normas generales, se garantiza el cumplimiento por el titular o usuario del arma de una serie de reglas encaminadas a la evitación de graves accidentes. De igual modo, existen unas normas de seguridad específicas para distintos ámbitos de uso de las armas de fuego, tales como las galerías de tiro, que también son de obligada observancia.

Ejercicios de repaso y autoevaluación

1. Señale si la siguiente afirmación es verdadera o falsa: "Un arma automática es el arma de fuego que se recarga después de cada disparo por el tirador accionando un mecanismo manual".

    ☐ Verdadero
    ☐ Falso

2. Según el Reglamento de Armas, las licencias de armas C podrán autorizar un arma de las categorías...

    a. ... 1.ª, 2.ª2 o las armas de guerra a las que se refiere el apartado 3, artículo 6.
    b. ... 2.ª1, 2.ª2 o 3.ª2.
    c. ... 1.ª2, 2.ª1 o las armas de guerra a las que se refiere el apartado 3, artículo 6.
    d. ... 1.ª, 2.ª1, 3.ª2 o las amas de guerra a las que se refiere el apartado 3, artículo 6.

3. Relacione los siguientes elementos del revólver con los siguientes mecanismos:

    a. Cilindro
    b. Biela del cilindro
    c. Alza
    d. Disparador

    __ Mecanismo de repetición
    __ Mecanismo de alimentación
    __ Mecanismo de disparo
    __ Mecanismo de puntería

4. Para iniciar la ignición del cartucho, el sistema _____ tiene el fulminante incluido en un reborde hueco del culote de la vaina donde el percutor debe incidir en cualquier parte del reborde del culote.

    a. Lefaucheux
    b. Central
    c. Flobert
    d. Caruso

5. Señale si la siguiente afirmación es verdadera o falsa: "La trayectoria de un proyectil tiene forma de parábola".

☐ Verdadero
☐ Falso

6. El disparo a quemarropa es el realizado a una distancia...

a. ... menor al alcance de la llama.
b. ... superior al alcance de los elementos que integran el tatuaje.
c. ... donde el arma está en contacto con la piel.
d. ... superior al alcance de la llama.

7. Explique el movimiento de rotación del proyectil.

_____
_____
_____
_____
_____
_____
_____
_____

8. Busque los seis grupos en los que se divide la escopeta 12/70 en la siguiente sopa de letras:

W	T	M	U	T	V	L	E
Z	C	A	R	C	A	S	A
V	E	L	O	U	E	Z	U
L	R	X	B	L	F	A	T
D	R	C	R	A	P	R	C
A	O	I	O	T	C	U	A
J	J	T	C	A	T	T	R
E	O	L	P	D	I	C	F
T	A	O	R	W	V	A	X
D	I	S	P	A	R	O	E
V	X	N	A	M	D	T	P
C	A	Ñ	O	N	A	N	T
S	S	L	I	N	S	O	N
A	T	I	A	E	R	C	A
E	A	N	I	U	G	S	E

9. Clasifique los siguientes tipos de seguro, siendo (1) los seguros del revólver y (2) los seguros de escopeta:

    a. Seguro manual
    b. Seguro por interposición de masas
    c. Seguro automático
    d. Seguro de acerrojamiento incompleto

10. ¿Dónde se aloja la pólvora en el cartucho metálico?

    a. En el culote
    b. En el proyectil
    c. En el pistón
    d. En la vaina

Capítulo 4
Clasificación de los explosivos y medidas de seguridad

Contenido

1. Introducción

El ejercicio de las funciones propias del vigilante de seguridad de explosivos requiere un conocimiento profundo de las sustancias y materias que van a ser objeto de su vigilancia y protección.

Es imprescindible que conozca en detalle qué características especiales definen la naturaleza de los distintos explosivos, así como las clasificaciones de las que son susceptibles de acuerdo con la normativa sectorial de aplicación.

En este capítulo se describen las claves concretas que permitirán definir las especiales medidas de seguridad que se han de adoptar, tanto para la custodia y depósito de sustancias y material explosivo como para su manipulación y, cuando fuese preciso, excepcionalmente, su destrucción.

Junto a lo anterior, y dado que la labor propia del vigilante de explosivos no es estática sino dinámica, referida en particular, al transporte de estos materiales y sustancias, debe el aspirante a ejercer esta especialidad conocer cómo han de constituirse y desarrollarse, de modo ajustado a las disposiciones reglamentarias vigentes, los operativos de transporte y, en concreto, los medios de transporte que se utilicen con tal finalidad, observando en todo caso las instrucciones recibidas en cualquier momento por los miembros de Fuerzas y Cuerpos de Seguridad.

Finalmente, es imprescindible para el futuro vigilante de explosivos tener conocimiento de los elementos y características que le permitan identificar las sucesivas fases del proceso de destrucción de explosivos, así como aquellas pautas que se deben seguir para la realización del transporte de las materias y sustancias objeto de su protección especializada, en función del medio de transporte en el que preste sus servicios.

2. Los explosivos. Naturaleza. Características. Clasificación. Explosivos industriales

Según se estudió en capítulos anteriores de este manual, la de vigilante de explosivos es una especialidad dentro de la figura del vigilante de seguridad, por lo que la obtención de la habilitación correspondiente a la misma requiere que el futuro profesional especializado en esta materia esté ya en posesión de la genérica citada.

2.1. Los explosivos

Desde una perspectiva puramente jurídica, dentro del concepto 'explosivos', y junto con la cartuchería y artificios pirotécnicos, el actual Reglamento de Explosivos recoge en su artículo 4 las definiciones de los términos 'materias y objetos explosivos'.

a. **Materias explosivas:** el término engloba a las materias sólidas o líquidas (o mezcla de materias) que, por reacción química, puedan emitir gases a temperatura, presión y velocidad tales que puedan originar efectos físicos que tengan consecuencias en su entorno.

b. **Objetos explosivos:** son aquellos objetos que contengan una o varias materias explosivas.

c. **Otras materias y objetos:** se incluyen aquí las materias y objetos no referidos en los conceptos anteriores, siempre que estén fabricados con objeto de producir un efecto práctico por explosión o con fines pirotécnicos.

Por exclusión, el artículo 1.4 del Reglamento de Explosivos excluye de su ámbito de aplicación a aquellas materias que, en sí mismas, no sean explosivas pero que puedan formar mezclas explosivas de gas, vapores o polvos, así como aquellos artefactos que contengan materias explosivas y/o materias pirotécnicas en cantidad tan pequeña, o de tal naturaleza, que su iniciación por inadvertencia o accidente no implique ninguna manifestación exterior en el artefacto que pudiera traducirse en proyecciones, incendio, desprendimiento de humo, calor o fuerte ruido.

 **Nota**

El Reglamento de Explosivos vigente en la actualidad es el aprobado por el Real Decreto 130/2017, de 24 de febrero.

2.2. Naturaleza de los explosivos

Para entender de modo completo el término **explosivos,** la definición jurídica expuesta debe completarse con otra que permita, desde una perspectiva técnica, describir cuál es su naturaleza.

Para ello, esta aproximación técnica al concepto puede realizarse de la mano de Bernaola, Castilla y Herrera (2013) que definen los explosivos como:

Sustancias químicas con un cierto grado de inestabilidad en los enlaces atómicos de sus moléculas que, ante determinadas circunstancias o impulsos externos, propician una reacción rápida de disociación y nuevo reagrupamiento de los átomos en formas más estables.

Explican estos autores que la reacción descrita, de tipo oxidación-reducción, es inducida térmicamente por los denominados **puntos calientes** y es conocida con el nombre de **detonación.** Esta reacción origina, al producirse, gases a muy alta presión y temperatura que, a su vez, generan una onda de compresión que recorre todo el medio que circunda el lugar en que la reacción (detonación) se produce.

En relación con lo anterior, y siguiendo de nuevo a los autores citados, será de interés reseñar también que la energía química que se contiene en el interior del explosivo, por los materiales que lo componen, se transforma en energía eléctrica en virtud de la onda de compresión a la que ya se ha hecho referencia. Sin embargo, en contra de lo que pudiera parecer, la energía producida por esta reacción no es tan importante desde un punto de vista cuantitativo ya que, por ejemplo, la detonación de un kilogramo de explosivo produciría, aproximadamente, una décima parte de la energía que se contiene en un litro de gasolina. Lo que ocurre es que el poder expansivo del explosivo no deriva de la cantidad de energía producida (que es escasa), sino de su capacidad para liberarla en un espacio de tiempo muy corto.

 Ejemplo

La detonación de un kilogramo de explosivo produciría, aproximadamente, una décima parte de la energía que se contiene en un libro de gasolina.

Así, en función de la velocidad de transformación de la energía química que contiene, por sus componentes internos, un explosivo, y en razón de la velocidad a la que se produce la liberación de la energía eléctrica, pueden distinguirse los tres siguientes fenómenos:

a. **Combustión:** es una reacción química de oxidación que desprende una gran cantidad de energía a una velocidad que es visible en forma de llama. Suele producirse a una velocidad inferior a 1 m/s (metro por segundo).

b. **Deflagración:** se habla de deflagración cuando la velocidad de reacción del explosivo es menor de 1.500 m/s (metros por segundo). Se produce por una reacción química similar a la de la combustión, aunque asociada a una velocidad superior a la de la combustión. La velocidad de la reacción en la deflagración es, en todo caso, inferior a aquella a la que se propaga el sonido producido por el propio explosivo; por tanto, la reacción que da lugar a una deflagración es de tipo subsónico. El caso típico de reacción química que origina este fenómeno es el de la pólvora.

c. **Detonación:** se produce cuando tiene lugar una reacción química prácticamente instantánea, dando lugar a una combustión supersónica que genera, además, una onda de choque. Al producirse esta onda de choque, el frente de la misma presenta altos grados de presión y temperatura. Tiene lugar el fenómeno de la detonación cuando la velocidad de reacción del explosivo oscila entre los 1.500 y 9.000 m/s.

Actividades

1. ¿Cómo define el artículo 10 del Reglamento de Explosivos las materias explosivas?
2. ¿En qué consiste el fenómeno de la detonación de un explosivo?

2.3. Características de los explosivos

Los rasgos que definen la naturaleza de los explosivos determinarán su utilidad para una u otra concreta finalidad. Para elegir el más adecuado al tipo de uso al que vaya a destinarse, será imprescindible tener en cuenta las características esenciales de cada explosivo.

En general, las **características básicas** de un explosivo son las que se reúnen en los siguientes conceptos:

- Potencia explosiva
- Poder rompedor
- Velocidad de detonación
- Densidad del encartuchado
- Resistencia al agua
- Calidad de humos
- Sensibilidad
- Estabilidad química

A continuación, se expondrán algunos rasgos definitorios de cada una de las características mencionadas.

Potencia explosiva

Esta denominación (también se utiliza como equivalente la de "potencia rompedora") sirve para referirse a la velocidad o rapidez con la que un explosivo alcanza su máxima presión.

En general, en el ámbito de la ingeniería de minas, se identifica con la capacidad que tiene un explosivo para quebrar o romper la roca, es decir, la energía que produce el explosivo en una voladura, considerando no solo la onda producida, sino los gases procedentes de la reacción química que se produce en la combustión de los componentes del explosivo.

Esta característica es directamente dependiente de la composición del explosivo.

Poder rompedor

Esta característica identifica la capacidad que tiene un explosivo para quebrantar o romper una roca. Se diferencia de la potencia explosiva ya estudiada en que el poder rompedor del explosivo solo se calcula teniendo en cuenta la onda de detonación y no la presión ejercida por los gases que se producen en la reacción química durante la combustión.

Es una característica muy destacada en el caso de los explosivos de uso no confinado o desacoplado, ya que los gases producidos en su detonación no pueden ejercer una gran presión.

Velocidad de detonación

Este término sirve para identificar la velocidad a la que se produce la transformación de un explosivo en un gran volumen de gases a considerable temperatura y presión. Es un término referido a la velocidad de producción de la reacción química y no a la de la onda de choque (que es un fenómeno puramente físico).

Esta característica se mide en metros por segundo.

Densidad del encartuchado

Es una característica que sirve para identificar el punto de compactación que alcanza la materia reglamentada dentro del explosivo, utilizando para ello sistemas mecánicos. El cálculo del volumen del cartucho, dependiendo de su peso, será indicativo de la densidad del encartuchado.

Esta característica -que se mide en gramos por centímetro cúbico- cobra una especial relevancia en los explosivos industriales, a los que se hará referencia detallada más adelante.

Resistencia al agua

Es una característica que hace referencia a la capacidad que tiene un explosivo, que carece de una cubierta especial, de mantener intactas sus propiedades pese a estar en contacto con el agua.

La capacidad de resistencia se mide en función del tiempo que el explosivo conserva intactas sus propiedades.

Son explosivos especialmente resistentes al agua las dinamitas gelatinosas, hidrogeles y emulsiones. Por el contrario, tienen una escasa resistencia al agua los explosivos compuestos de materiales pulverulentos y los ANFO, ya que el nitrato amónico del que se componen es soluble.

Calidad de humos

Con el término humos se hace referencia a todo el conjunto de elementos gaseosos que resultan de la reacción química producida mediante la detonación.

Durante el uso de los explosivos industriales, debido a su composición especialmente diseñada a tal efecto, en teoría suelen producir escasamente gases nocivos, tales como el monóxido de carbono y óxido de nitrógeno, y ello es indicativo de que se produce con ellos una reacción química completa. Sin embargo, en la realidad de su uso, tales gases tóxicos se producen por lo que es desaconsejable acceder de modo inmediato al lugar en que se ha producido la detonación, ya que pueden producir molestias que pueden llegar a causar intoxicaciones graves.

Sensibilidad

La sensibilidad es una característica de los explosivos que sirve para identificar el grado, mayor o menor, de energía que hay que aplicar a un explosivo para que se produzca su iniciación y detonación.

Viene determinada, en conjunto, en función de los distintos aspectos a considerar, es decir, por su:

- **Sensibilidad al detonador:** es referida a la facilidad, relativa, de iniciación de un explosivo para detonar mediante la aplicación de una energía canalizada, en este caso, por un elemento detonador. Esta energía se produce por la detonación de un explosivo pequeño, pero de gran potencia, contenido en un elemento detonador como puede ser un cordón detonante o en un multiplicador.
- **Sensibilidad a la onda expansiva:** es una característica que define la capacidad de transmisión de la explosión entre distintos cartuchos de explosivos que están unidos entre sí en forma de línea continua aunque separados por una cierta distancia. Se denomina propiamente detonación por simpatía.
- **Sensibilidad al choque y rozamiento:** es la característica que define la facilidad que tiene un explosivo para detonar en el caso de una caída desde una cierta altura o por el roce con otro cuerpo.

Estabilidad química

Es la capacidad que presenta un explosivo para permanecer estable y no alterado a pesar del tiempo transcurrido desde su fabricación y/o almacenamiento.

Es esencial para garantizar la estabilidad química del explosivo que este se almacene en adecuadas condiciones y durante un tiempo inferior al máximo aconsejado en cada caso. Son, por tanto, factores que influirán en la desestabilización del explosivo la humedad, la temperatura y la ventilación del lugar de almacenaje. Si cualquiera de ellos es inadecuado se producirá una descomposición del explosivo que requerirá la adopción de especiales medidas de seguridad en su manipulación y durante el proceso de destrucción.

 **Actividades**

3. ¿Qué otro nombre recibe la potencia explosiva y a qué se refiere este término?
4. ¿A qué aspectos afecta la llamada sensibilidad de los explosivos?

2.4. Clasificación de los explosivos

Los explosivos son susceptibles de clasificación en atención a múltiples criterios. En concreto, el vigente *Reglamento de Explosivos* dedica los artículos 8 y 9 a clasificarlos atendiendo, en particular, a los siguientes **criterios:**

- Divisiones de riesgo.
- Composición y aplicación.

En todo caso, dispone la misma disposición reglamentaria que la clasificación de los explosivos corresponderá a gestiones ministeriales en conformidad con la Instrucción Técnica Complementaria número 4, a la que posteriormente se hará referencia.

Sobre la base de lo hasta aquí expuesto, puede realizarse la siguiente clasificación de los explosivos.

Clases de explosivos según su composición

Se incluyen aquí los siguientes:

1. Materias explosivas

    1.1 Explosivos iniciadores.
    1.2 Explosivos rompedores.

       1.2.1 Sustancias explosivas.
       1.2.2 Mezclas explosivas.

      1.2.2.1 Explosivos tipo A (dinamitas).

      1.2.2.2 Explosivos tipo B-a (amonales).

      1.2.2.3 Explosivos tipo B-b (nafos).

      1.2.2.4 Explosivos tipo C (cloratitas).

      1.2.2.5 Explosivos tipo D (explosivos plásticos).

      1.2.2.6 Explosivos tipo E-a (hidrogeles).

      1.2.2.7 Explosivos tipo E-b (emulsiones).

      1.2.2.8 Otros explosivos rompedores.

1.3 Explosivos propulsores.

    1.3.1 Pólvoras negras.

    1.3.2 Pólvoras sin humo.

    1.3.3 Otros explosivos propulsores.

1.4 Otras materias explosivas.

2. Objetos explosivos

2.1 Mechas.

    2.1.1 Mechas lentas.

    2.1.2 Mechas rápidas.

    2.1.3 Otras mechas.

2.2 Cordones detonantes.

    2.2.1 Cordones detonantes flexibles.

    2.2.2 Cordones detonantes perfilados.

    2.2.3 Otros cordones detonantes.

2.3 Detonadores.

    2.3.1 Detonadores de mecha.

    2.3.2 Detonadores eléctricos.

    2.3.3 Detonadores no eléctricos.

    2.3.4 Otros detonadores.

2.3.5 Relés.

2.3.6 Otros sistemas de iniciación.

2.4 Multiplicadores.

2.4.1 Multiplicadores sin detonador.

2.4.2 Multiplicadores con detonador.

2.4.3 Otras cargas explosivas.

2.5 Otros objetos explosivos.

Clases de explosivos según las divisiones de riesgo

A efectos de la graduación de riesgo involucrado en la manipulación, almacenamiento y transporte, los explosivos se adscribirán a una de las siguientes divisiones:

- **División 1.1:** materias y objetos que presentan un riesgo de explosión en masa (se entiende por explosión en masa la que afecta de manera prácticamente instantánea a casi toda ella).
- **División 1.2:** materias y objetos que presentan un riesgo de proyección sin riesgo de explosión en masa.
- **División 1.3:** materias y objetos que presentan un riesgo de incendio, con ligero riesgo de efectos de llama o de proyección, o de ambos efectos, pero sin riesgo de explosión en masa y:

  a. Cuya combustión da lugar a una radiación térmica, en su caso.
  b. Que arden unos a continuación de otros con efectos mínimos de llama o de proyección, o de ambos efectos.

- **División 1.4:** materias y objetos que solo presentan un pequeño riesgo en caso de ignición o cebado.
- **División 1.5:** materias que presentan un riesgo de explosión en masa, pero con una sensibilidad tal que, en condiciones normales, haya muy poca probabilidad de iniciación o de que su combustión se transforme en detonación.

■ **División 1.6:** objetos que contienen solamente sustancias sumamente insensibles y que ofrecen escasísima probabilidad de cebado accidental o de explosión en toda la masa.

Clases de explosivos según su naturaleza química

Esta clasificación se realiza en función de la naturaleza química del explosivo; en este caso, se distinguen los siguientes:

a. **Orgánicos:** son compuestos que se obtienen mediante nitración de sustancias orgánicas. En general, estos explosivos son de manipulación segura, activándose mediante un iniciador o cebo.

b. **Inorgánicos:** son componentes de las pólvoras y resultan ser directamente explosivos.

   Son ejemplos de este tipo de sustancias componentes de explosivos el clorato de potasio ($KClO_3$), el nitrato de potasio (KNO_3) y el nitrato amónico (NH_4NO_3).

c. **Organometálicos:** son los que se usan como cebos o iniciadores de otros explosivos secundarios. En general, tienen una estructura muy inestable y poseen la consideración de detonantes, bastando para su descomposición con un mero choque.

   Se incluyen entre los explosivos organometálicos el fulminato de mercurio (ONC-Hg-CON) o la azida de plomo [$(N_3)_2Pb$].

 Sabía que...

La nitración es un proceso químico consistente en la (introducción de un grupo nitro en un compuesto químico mediante una reacción química). Son ejemplos de ello la conversión de la glicerina en nitroglicerina con ácido nítrico y sulfúrico.

Clases de explosivos según la velocidad de reacción

Esta clasificación se realiza en función de la velocidad de reacción del explosivo, en este caso se distinguen los siguientes:

- **Iniciadores o detonadores:** son explosivos muy sensibles a acciones externas por lo que pueden detonar con un roce o choque. Suelen ser organometálicos.
- **Multiplicadores:** son generalmente usados como amplificadores de los efectos del explosivo iniciador.
- **Rompedores:** son los explosivos utilizados directamente para provocar los efectos propios de una rotura. Suelen encontrarse, por ejemplo, en canteras para provocar la fractura de rocas. Se incluyen, entre ellos, el TNT (trinitrotolueno), la nitroglicerina y el ácido pícrico.
- **Propulsores:** son los explosivos que se utilizan como carga de propulsión, por lo que también reciben el nombre de explosivos balísticos o pólvoras. Se incluyen en este grupo la pólvora negra (compuesta de nitrato de potasio, carbón y azufre) y la pólvora sin humo (compuesta de nitrocelulosa).

Clases de explosivos según su estado físico

Estos explosivos pueden clasificarse en los siguientes cuatro grupos:

- **Explosivos plásticos:** son explosivos que tienen una consistencia plástica moldeable y son resistentes al roce y los golpes. No necesitan ninguna envoltura.
- **Explosivos pulverulentos:** son explosivos que se cargan en este estado físico (en forma de polvo) en barrenos, proyectiles o cartuchos, prensándose posteriormente, salvo en su núcleo que es donde se coloca precisamente el detonador. En este estado físico, estos explosivos tienen más sensibilidad que cuando están comprimidos, estado este último en el que son menos sensibles pero más potentes por la densidad que alcanzan por su compresión. Se incluyen en este grupo la Nagolita, los Amonales y ANFO.
- **Explosivos compactos y conformados:** son principalmente los explosivos multiplicadores que ya se han analizado. Tienen diversos tamaños y formas, según el uso al que se vayan a destinar. Tanto en el ámbito civil

como militar, eran los de más frecuente uso antes de que se inventasen los explosivos plásticos.

- **Explosivos líquidos:** son los integrados por sustancias líquidas de diversa viscosidad, tales como la nitroglicerina.

 Definición

Barreno
Agujero relleno de pólvora u otra materia explosiva, en una roca o en una obra de fábrica, para volarla.

Catalogación de los explosivos: la Instrucción Técnica Complementaria número 4

De acuerdo con el Reglamento de Explosivos con carácter previo a la fabricación, transferencia, almacenamiento, distribución y utilización, estos deberán disponer de los certificados de conformidad y el marcado CE correspondiente, debiendo someterse a los procedimientos de evaluación de conformidad mencionados en la ITC número 3 y cumpliendo con los requisitos de seguridad aplicables dispuestos en la ITC número 2.

Para su catalogación deberá atribuirse a cada sustancia o producto concreto, una numeración conformada por cinco grupos de número que significan, cada uno de ellos, lo siguiente:

- **Primer grupo:** formado por cuatro dígitos, indicativo del número correlativo de catalogación.
- **Segundo grupo:** formado por un máximo de cuatro dígitos, de acuerdo con la clasificación del artículo 12 del Reglamento de Explosivos (responde a la clasificación de los explosivos que se ha detallado antes, según su composición).
- **Tercer grupo:** formado por un dígito, que identifique si es 1 que el fabricante pertenece a la Unión Europea, y si es 0, que el fabricante tiene otra nacionalidad.

- **Cuarto grupo:** formado por cuatro dígitos, para reseñar el número ONU de la materia u objeto.

- **Quinto grupo:** formado por dos dígitos y una letra, para identificar la división de riesgo, conforme al artículo 13 del Reglamento de Explosivos (tal y como se ha comentado anteriormente), y el grupo de compatibilidad, según la Instrucción Técnica Complementaria número 22.

 Sabía que...

El número ONU recibe este nombre por referencia al contenido en el documento de las Naciones Unidas denominado *Recomendaciones relativas al Transporte de Mercancías Peligrosas.* Su última revisión es la Decimonovena, realizada en Nueva York y Ginebra en el año 2015.

Instrucción Técnica Complementaria número 16: compatibilidad de almacenamiento y transporte de explosivos

Según establece esta ITC número 16, para su almacenamiento y transporte, los explosivos (también la cartuchería y los artificios pirotécnicos) deberán estar asignados a uno de los grupos de compatibilidad siguientes:

a. Materia explosiva primaria.

b. Objeto que contenga una materia explosiva primaria y que tenga al menos dos dispositivos de seguridad eficaces. Ciertos artículos tales como los detonadores para voladuras y los cebos de percusión quedan incluidos, aunque no contengan explosivos primarios.

c. Materia explosiva propulsora u otra materia explosiva deflagrante, u objeto que contenga tal materia explosiva.

d. Materia explosiva secundaria detonante o pólvora negra, u objeto que contenga una materia explosiva secundaria detonante, en cualquier caso, sin medios de iniciación ni carga propulsora u objeto que contenga una materia explosiva primaria y que tenga al menos dos dispositivos de seguridad eficaces.

e. Objeto que contenga una materia explosiva secundaria detonante sin medios de iniciación, con carga propulsora (excepto las cargas que contengan un líquido o gel inflamable o líquidos hipergólicos).

f. Objeto que contenga una materia explosiva secundaria detonante, con sus medios propios de iniciación, con carga propulsora (excepto las cargas que contengan un líquido o gel inflamable o líquidos hipergólicos) o sin carga propulsora.

g. Composición pirotécnica u objeto que contenga una composición pirotécnica, o bien objeto que contenga a la vez una materia explosiva y una composición iluminante, incendiaria, lacrimógena o fumígena (excepto los objetos actividados por el agua o que contengan fósforo blanco, fosfuros, materias piro fóricas, líquido o gel inflamable o líquidos hipergólicos).

h. Objeto que contenga una materia explosiva y además fósforo blanco.

i. Objeto que contenga una materia explosiva y además un líquido o gel inflamable.

j. Materia explosiva u objeto que contenga una materia explosiva y que presente un riesgo particular (por ejemplo, en razón de su hidroactividad o de la presencia de líquidos hipergólicos, fosfuros o materias pirofosfóricas) y que exija el aislamiento de cada tipo.

k. Objetos que no contengan más que materias detonantes extremadamente poco sensibles.

l. Materia u objeto embalado o concebido de forma que todo efecto peligroso debido a un funcionamiento accidental quede circunscrito al embalaje, a menos que este haya sido deteriorado por el fuego, en cuyo caso todos los efectos de la onda expansiva o de las proyecciones deben ser lo suficientemente reducidos como para no entorpecer ni impedir la lucha contra incendios ni la adopción de otras medidas de emergencia en las inmediaciones de los bultos.

La asignación de cualquiera de estos grupos de compatibilidad determina que los explosivos no puedan almacenarse conjuntamente en un polvorín ni cargarse en común en un mismo vehículo si no está autorizado conforme a la siguiente tabla de compatibilidad:

Grupos compatibilidad	A	B	C	D	E	F	G	H	J	L	N	S
A	X											
B		X		1/								X
C			X	X	X		X				2/3/	X
D		1/	X	X	X		X				2/3/	X
E			X	X	X		X				2/3/	X
F						X						X
G			X	X	X		X					X
H								X				X
J									X			X
L										4/		
N			2/3/	2/3/	2/3/						2/	X
S		X	X	X	X	X	X	X	X		X	X

A continuación, se describen unas notas a considerar en relación con la anterior tabla:

X. La «X» indica que las materias u objetos de los diferentes grupos de compatibilidad pueden almacenarse conjuntamente en un mismo polvorín o cargarse conjuntamente en un mismo compartimento, contenedor o vehículo.

1. Los bultos que contengan materias y objetos asignados a los grupos de compatibilidad B y D podrán ser cargados conjuntamente en el mismo vehículo a condición de que sean transportados en contenedores o compartimentos separados, de un modelo aprobado por la autoridad competente o un organismo designado por la misma, y que estén diseñados de manera que se evite toda transmisión de la detonación de objetos del grupo de compatibilidad B o las materias u objetos del grupo de compatibilidad D.

2. Los diferentes objetos de la División 1.6, grupo de compatibilidad N (1.6 N), solo podrán transportarse o almacenarse conjuntamente como objetos 1.6 N, si se prueba mediante ensayos o por analogía que no existe riesgo suplementario de detonación por influencia entre unos y otros objetos. En caso contrario, deberán ser tratados como pertenecientes a la división de riesgo 1.1.

3. Cuando se transporten o almacenen objetos del grupo de compatibilidad N con materias u objetos de los grupos de compatibilidad C, D o E, los objetos del grupo de compatibilidad N se considerarán pertenecientes al grupo de compatibilidad D.

4. Las materias y objetos del grupo de compatibilidad L podrán almacenarse y cargarse en común en el mismo vehículo con las materias y objetos del mismo tipo pertenecientes a ese mismo grupo de compatibilidad.

Importante

En el grupo de compatibilidad K se incluyen aquellos objetos que contienen una materia explosiva y un agente químico tóxico. Estos objetos no son admitidos al transporte.

Actividades

5. ¿Bajo qué criterio se pueden clasificar los explosivos en orgánicos, inorgánicos y organometálicos?

6. ¿Qué son los explosivos iniciadores y con qué otro nombre son también conocidos?

Registro de los explosivos

En relación al control de explosivos y su registro, el *Real Decreto 130/2017, de 24 de febrero,* indica en el artículo 3 lo siguiente:

(...)

15. Las empresas autorizadas para fabricar, almacenar, transferir o importar, comercializar y utilizar explosivos deberán disponer de un sistema de seguimiento de la tenencia de los mismos, de conformidad con la ITC número 5, que permita identificar, en todo momento, a su tenedor.

16. Dichas empresas llevarán registros de sus operaciones, de los que deberá poder disponerse inmediatamente para un posible control a petición de las autoridades competentes, sin perjuicio que la trasmisión de la información pueda llevarse a cabo por otra empresa cuyos servicios hayan sido contratados a tal fin por la empresa del sector.

A continuación se muestra, a modo de ejemplo, una imagen en la que podrás observar **el sistema de identificación de explosivos** según la Instrucción Técnica Complementaria número 5.

Etiqueta de identificación de explosivos

Todas las empresas autorizadas llevarán un **Libro de Registro de la tenencia, movimientos y consumos** de los explosivos mediante los documentos recogidos en las ITC número 1 y 11 del Reglamento de Explosivos. Estos son:

- Guía de circulación
- Libros de registro

 Sabía que...

Los libros de registro y la guía de circulación se pueden presentar a la Administración de forma telemática.

Guía de circulación

La guía de circulación de materias reglamentadas es un **documento que ampara el tránsito de los explosivos y la cartuchería metálica,** esta guía deberá acompañar en todo momento a la mercancía. De la guía de circulación se emiten cinco copias, sus destinatarios vienen regulados en el artículo 153 del Reglamento de explosivos:

Artículo 153

Según el artículo 153 del Reglamento de Explosivos:

153.3. El consumidor de explosivos que formalice un pedido de compra remitirá a su proveedor una de las copias a que hace referencia el artículo 121.

153.4. El proveedor, de acuerdo con lo establecido en el artículo 152, cumplimentará la guía de circulación, presentándola para su aprobación o modificación, por cualquier medio electrónico, informático o telemático que garantice su integridad, autenticidad, confidencialidad, calidad, protección y conservación de la información, a la Intervención de Armas y Explosivos de la Guardia Civil que por demarcación le corresponda, adjuntado la copia visada de la autorización de suministro a que se refiere el apartado anterior.

153.6. Si la Intervención de Armas y Explosivos autorizase la expedición, ésta remitirá una copia de dicha guía de circulación a la Intervención de Armas y Explosivos de la Guardia Civil del punto de destino; devolverá dos copias al proveedor, y una última será archivada para su debida constancia.

Respecto al artículo 121 al que se hace referencia, cabe destacar que el consumidor de explosivos que formalice una compra de éstos remitirá, a tal efecto, al depósito suministrador una copia de la autorización del pedido de suministro autorizado a que hace referencia el artículo anterior, sin cuya presentación no podrá realizarse ningún suministro, enviando el depósito suministrador una copia a las Intervenciones de Armas y Explosivos de origen y destino.

153.7. Las copias del proveedor de la guía de circulación, en su caso, serán entregadas al transportista o al responsable de la expedición, debiendo acompañar a ésta en todo su recorrido.

153.8. El destinatario, al recibir la expedición, comprobará previamente si la misma se ajusta a los términos de la guía de circulación, formulando los reparos que estime oportunos en el cuerpo de la misma en presencia del transportista o responsable de la expedición y dando cuenta inmediata de dichos reparos, en su caso, a la Intervención de Armas y Explosivos de la Guardia Civil del punto de destino.

153.9. En todo caso, el destinatario comunicará a la Intervención de Armas y Explosivos de la Guardia Civil del punto de destino la recepción de la expedición dentro de las 48 horas desde que ésta haya tenido lugar, presentando la Guía de circulación recibida del transportista o responsable de la expedición, por cualquier medio electrónico, informático o telemático que garantice su integridad, autenticidad, confidencialidad, calidad, protección y conservación de la información.

153.10. Asimismo, el destinatario remitirá una copia al proveedor, para la debida constancia de éste de la correcta recepción de la mercancía o de los reparos pertinentes, en su caso.

 Importante

La autorización para la utilización habitual de explosivos con ámbito nacional será otorgada por la Dirección General de la Guardia Civil. Asimismo, previamente a la iniciación de un consumo de explosivo, el consumidor deberá efectuar la solicitud del pedido de suministro a través de la sede electrónica de la Secretaría de Estado. Por último, el consumidor de explosivos que formalice una compra remitirá al depósito suministrador una copia de la autorización del pedido de suministro autorizado.

La guía de circulación de materias reglamentadas **se ajustará en cada caso al modelo** publicado en el «Boletín Oficial del Estado».

En la actualidad, la guía de circulación se rige por lo dispuesto en el *Anexo VII de la Instrucción Técnica Complementaria número 1.*

GUÍA DE CIRCULACIÓN DE EXPLOSIVOS

NÚMERO _____/_____

MINISTERIO DEL INTERIOR
DIRECCIÓN GENERAL DE LA GUARDIA CIVIL

DATOS GENERALES

Intervención de Armas y Explosivos:

Otras autorizaciones:

PEDIDO DE SUMINISTRO

Número de pedido de suministro autorizado

Fecha:

Solicitante:

DESCRIPCIÓN COMPLETA DE LA MERCANCÍA

Núm. ONU	División de riesgo	Núm. Catálogo y denominación	Cantidad	Nº Identificación

DATOS DEL TRANSPORTE

Solicitante del transporte:

Proveedor:

Origen:

Destino:

Medio de transporte:

Paradas previstas:

Guía de circulación de explosivos

Libros de registro

Los libros registro se ajustarán a lo establecido por orden ministerial. En la citada orden se podrá prever que tanto la llevanza como la remisión de los datos contenidos en dichos libros de registro se puedan realizar por **medios electrónicos, informáticos o telemáticos,** sin perjuicio de la necesaria obligación de cumplimentar y firmar las preceptivas actas de uso de explosivo.

Según el artículo 122 del Real Decreto 130/2017, de 24 de febrero, por el que se aprueba el Reglamento de Explosivos, en todas las explotaciones y obras en las que se consuman explosivos deberá llevarse un libro registro específico, libro-registro de consumo en el que se consignarán diariamente las **entradas, salidas y existencias,** así como los datos de **identificación del material, del efectivamente consumido y del sobrante.**

LIBRO REGISTRO DE MOVIMIENTOS DE EXPLOSIVOS

Fecha	Clase producto	N.º Catalogación (*)	N.º Guía circulación	Procedencia o destino	Folio del libro auxiliar	Entradas Cantidad	Salidas Cantidad

* Para aquello explosivos no catalogados, de conformidad con el artículo 21, se indicará el número de lote o serie.

NOTA. Los asientos de todas las operaciones irán numerados y se formarán sucesivamente por orden de fechas, sin enmienda ni raspaduras. Todo error involuntario se salvará con la oportuna contrapartida, si ha lugar, o con una advertencia en el texto si el error no afecta a las cifras. El resumen de los asientos del día para cada producto pasará a la hoja especial que para el mismo se llevará en el Libro Registro auxiliar.

Libro-Registro de movimientos de explosivos

LIBRO AUXILIAR PARA CADA CLASE DE PRODUCTO

Folio núm.   ....

HOJA DEL PRODUCTO DENOMINADO ....N° DE CATALOGACIÓN...............

MES DE ....DEL 20.... Existencia en el día 1° del año............... Total de entradas y total de salidas En los meses anteriores al actual..........	Entradas ‾‾‾‾‾‾ Cantidad	Salidas ‾‾‾‾‾‾ Cantidad	Existencias ‾‾‾‾‾‾‾ Cantidad
Día / **Procedencia o destino** / **Número/s de los lote/s (*)** / **Número Guía Circulación**			
Suma de entradas y salidas en el mes de la fecha .... Total existencias mes de la fecha..			

* Para aquellos explosivos no catalogados, de conformidad con el artículo 21, se indicará el número de lote o serie.

NOTA. - En cada hoja se formularán los asientos del diario correspondiente al movimiento de materias indicado en el rótulo de las mimas. Estos asientos, sin enmiendas ni raspaduras, expresaran simplemente un resumen sucinto de los detallados en el diario. Todo error involuntario se salvará con la oportuna contrapartida, si afecta a las cifras, o con una advertencia.

Libro auxiliar para cada clase de producto

Informatización de libros y documentos

Las empresas pueden presentar ante la Intervención Central de Armas y Explosivos **modelos informatizados** de estos documentos, que en caso de merecer su aprobación los autorizará para su utilización.

En el caso de los libros de registro, los responsables deberán **presentarlos mensualmente** para su supervisión en la Intervención de Armas y Explosivos correspondiente.

Recuento de los explosivos

Un inventario de productos es una **relación detallada y valorada** de los artículos que componen el *stock* de una empresa en un punto concreto del tiempo. Este debe elaborarse en un documento físico o informático.

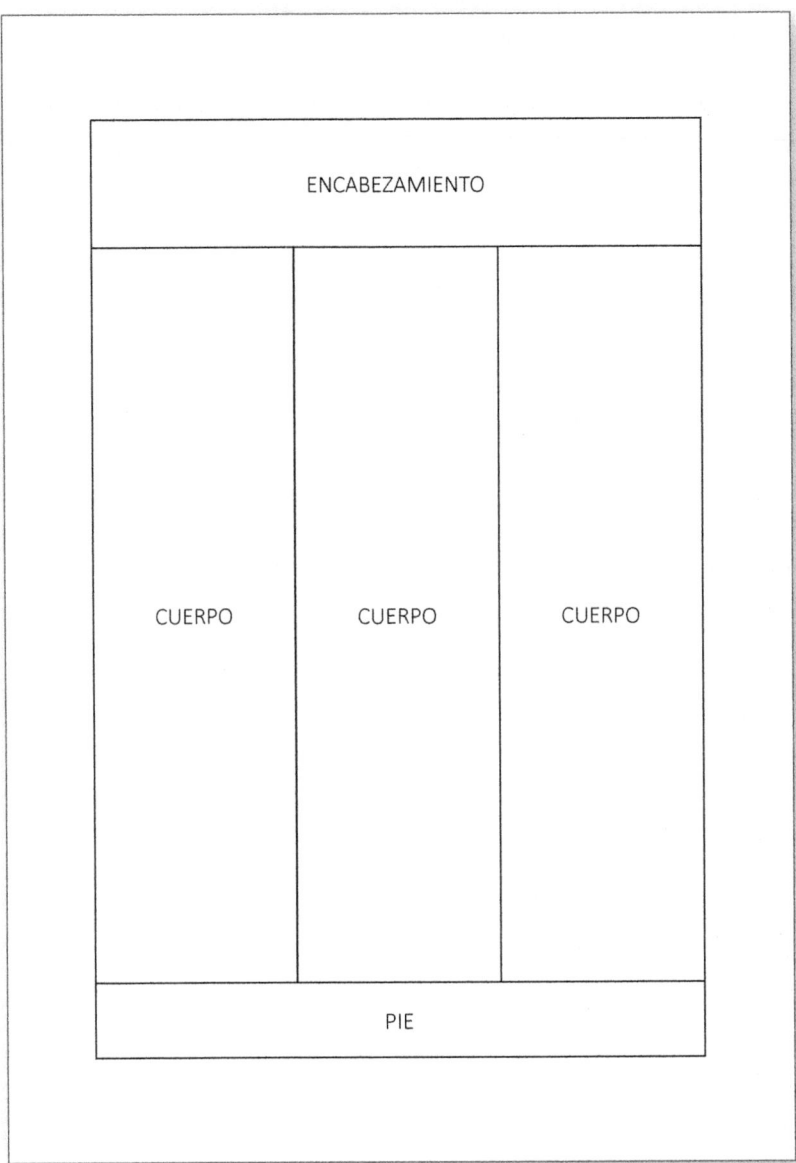

Encabezamiento: aparece el número de orden del inventario, nombre de la empresa y dirección.

Cuerpo: es la parte fundamental del inventario, aquí aparecen todos los elementos debidamente valorados, haciendo constar, en su caso, el número de unidades y el precio unitario. Si estamos hablando de un inventario de existencias, aparecerá la relación de existencias, cantidad y valor.

Pie: se compone de una certificación de la empresa, y de la fecha en el caso de que esta no se coloque en el encabezado.

Las técnicas utilizadas para el recuento de material se realizan mediante el **inventario lógico y el inventario físico.** Para el seguimiento de un inventario lógico inicialmente se debió realizar un primer inventario físico.

- **Inventario lógico:** es la técnica de información de las cantidades de un producto mediante el resultado de la diferencia sucesiva de entradas y salidas.
- **Inventario físico:** son las cantidades de un producto que se encuentra físicamente en realidad.

 Nota

Una de las faltas principales en la realización del inventario son los errores en el recuento de los productos, los empleados deben poner la máxima atención en la realización de la tarea. Para facilitarla se puede dotar al personal de instrumentos de recuento mecánicos o digitales.

Las materias reglamentadas estarán registradas en los documentos correspondientes para su control. Las cantidades registradas se expresarán en **kilogramos o en unidades** dependiendo del material.

Explosivos Inventario del 30 de diciembre de 2023					
Código	Artículo	Peso			
		100 gramos	200 gramos	500 gramos	1.000 gramos
N2358	Dinamita Pulverulenta	4	5	5	1
N8879	Dinamita gelatinosa	10	15	6	3
N4565	TNT	9	5	7	8

Ejemplo de ficha de inventario

Ejemplo

Los polvorines auxiliares de distribución tendrán una capacidad unitaria de 50 kilogramos o 500 detonadores.

2.5. Explosivos industriales

Siguiendo de nuevo en este punto a Bernaola, Castilla y Herrera (2013), los industriales pueden considerarse una categoría específica de explosivos al estar constituidos por:

Una mezcla de sustancias, combustibles y comburentes, que, debidamente iniciados, dan lugar a una reacción química cuya característica fundamental es su rapidez. Esta velocidad define el régimen de la reacción, que debe ser de régimen de detonación.

No todos los tipos de explosivos industriales tienen la misma composición, sino que cada uno de ellos tendrá una, específica y definida. Ello implica que sus características son también diferentes, por lo que cada explosivo industrial será adecuado para una distinta utilidad.

Dentro de esta categoría genérica pueden encontrarse los siguientes tipos: Dinamita (en dos modalidades: pulverulenta y gelatinosa), ANFO, hidrogeles, emulsiones, explosivos de seguridad y pólvora negra.

A continuación, se expondrán las principales características que definen a estos tipos de explosivos industriales.

Dinamita

Se denomina así al explosivo que tiene una consistencia gelatinosa obtenida por la mezcla de nitroglicerina/nitroglicol (NG) con nitrocelulosa.

El elemento predominante en su composición es el nitrato amónico, aunque lleve además combustibles y otros aditivos.

Se puede distinguir, dentro de las dinamitas y según su composición, entre:

a. **Dinamita pulverulenta:** es aquella que se compone básicamente por nitrato amónico y una pequeña cantidad de un sensibilizador (nitroglicerina, TNT o una mezcla de ambos) y que se caracteriza por ser un explosivo:

- De baja potencia.
- De media o baja densidad.
- De regular o mala resistencia al agua.
- De poca sensibilidad al choque o al rozamiento.
- Su velocidad de detonación es de 2.000 a 4.000 m/s.

b. **Dinamita gelatinosa:** es una dinamita más potente que la pulverulenta, ya que incrementa su contenido de nitroglicerina añadiendo una cantidad de nitrocelulosa que actúa como sustancia gelificante, conformando así una pasta de consistencia gelatinosa. Sus características son las siguientes:

- Elevada potencia.
- Alta densidad.
- Buena o excelente resistencia al agua.

■ Cierta sensibilidad al choque o rozamiento.

■ Alta velocidad de detonación (entre 4.000 y 7.000 m/s).

ANFO

Este tipo de explosivos surgió como consecuencia de la necesidad de aumentar la seguridad reduciendo el contenido de nitroglicerina.

 Importante

El término ANFO es un acrónimo de las siglas correspondientes a los siguientes términos: *Ammonium Nitrate + Fuel Oil*. Identifica a los explosivos compuestos aproximadamente por un 94 % de nitrato amónico, que actúa como oxidante, y un 6 % de gasoil, que actúa como combustible.

Los ANFO se caracterizan básicamente por las siguientes notas:

a. Potencia media/baja.

b. Baja densidad.

c. Nula resistencia al agua, debido a que su componente de nitrato amónico es soluble en agua, por lo que no puede detonar en este medio.

d. Insensibilidad al detonador, lo que hace que necesite de otro explosivo para iniciarse adecuadamente (un cordón detonante, un cebo, cartuchos de hidrogel o un multiplicador).

e. Baja velocidad de detonación (entre 2.000 y 3.000 m/s).

Hidrogeles

Son productos que, aunque incorporan una cierta cantidad de agua en su composición, están compuestos esencialmente por un elemento oxidante y otro que actúa como sensibilizador y combustible (por ejemplo, TNT), junto con un metal y una sal orgánica. A todo ello se añade un conjunto de sustancias espesantes, gelificantes y estabilizantes. Reaccionan de modo explosivo cuando se inician con un detonador, un cordón detonante o cualquier multiplicador.

 Sabía que...

Los explosivos hidrogeles son también conocidos con el nombre de *slurries* o "papillas explosivas".

Sus características definitorias son básicamente las siguientes:

a. Elevada potencia.
b. Densidad media/alta.
c. Excelente resistencia al agua.
d. Menor sensibilidad al choque o al rozamiento.
e. Velocidad de detonación entre 3.500 y 4.500 m/s.
f. Gran seguridad en su manejo y transporte.

Emulsiones

Surgen este tipo de explosivos para incrementar la seguridad y potencia. Están compuestos esencialmente por nitrato amónico o nitrato sódico con un contenido en agua entre el 14 y el 20 % y un 4 % aproximadamente de gasoil junto con otros productos entre los que se encuentran unos agentes que favorecen la emulsión y ceras para aumentar el tiempo de almacenamiento.

Sus características esenciales son:

a. Excelente resistencia al agua.
b. Escasa sensibilidad al choque y al rozamiento.
c. Alta velocidad de detonación (entre 4.500 y 5.500 m/s).

Explosivos de seguridad

Este tipo de explosivos surge por la necesidad de incrementar los niveles de seguridad en las explotaciones mineras.

Los explosivos de seguridad reúnen, por ello, una serie de características específicas que permiten que su detonación en una atmósfera en la que está presente el grisú no provoque una explosión de este elemento.

 **Definición**

Grisú

Es un gas, cuyo componente principal es el metano, que se genera en las minas de hulla y al mezclarse con el aire se hace inflamable y produce violentas explosiones.

Suelen presentar menor potencia que los explosivos susceptibles de uso en lugares sin presencia de grisú y también tienen menor velocidad de detonación.

Pólvora negra

Es frecuentemente utilizada en canteras de bloques y pizarras destinadas a ornamentación.

No es propiamente un explosivo, ya que no llega a detonar nunca, sino que produce tan solo una deflagración.

Entre sus **características** principales cabe destacar:

- Produce una gran cantidad de humo.
- Es inestable, sensible a golpes y cambios de temperatura.
- Arde con rapidez.

Explosivos					
Inventario del 30 de diciembre de 2023					
Código	Artículo	Peso			
		100 gramos	200 gramos	500 gramos	1.000 gramos
N2358	Dinamita Pulverulenta	4	5	5	1
N8879	Dinamita gelatinosa	10	15	6	3
N4565	TNT	9	5	7	8

Ejemplo de ficha de inventario

Actividades

7. ¿Cuál es el elemento predominante en la dinamita?
8. ¿Cuáles son las características esenciales de los explosivos hidrogeles?

3. Los iniciadores. Naturaleza y clasificación. Efectos de las explosiones. La destrucción de explosivos

Al exponer en el anterior apartado la clasificación en la que los explosivos son susceptibles en función de su composición, se hizo referencia a los explosivos iniciadores que el Reglamento de Explosivos incluye dentro de las denominadas **materias explosivas.** Un iniciador, también identificado como explosivo primario, es un explosivo que sirve a facilitar, tanto en trabajos de minería como en los de otra civil, en general, la detonación de un explosivo secundario. A continuación, se examinará la naturaleza jurídica y las posibles clasificaciones de estos explosivos, tanto desde una perspectiva jurídica como técnica.

3.1. Los iniciadores

Un iniciador (también identificado como **explosivo primario)** es un explosivo que sirve a facilitar, tanto en trabajos de minería como en los de obra civil, en general, la detonación de un explosivo secundario.

Iniciadores

3.2. Naturaleza

Los iniciadores son explosivos de muy alta sensibilidad por lo que precisan de una escasa cantidad de energía para activarse.

Cumplen, en general, una doble función: primaria, de iniciación de un explosivo; y secundaria, de iniciación de una voladura al producir la detonación de un conjunto de explosivos comerciales en la forma adecuada requerida y conforme al diseño de voladura realizado por el técnico facultativo correspondiente.

Por lo general, suelen estar integrados en el interior del elemento denominado **detonador,** que es una cápsula metálica de aluminio o cobre, diseñada en forma de cilindro para albergar una carga base que se iniciará bien por un cordón detonante o por un cebo compuesto de un explosivo de gran sensibilidad, tanto al choque como al rozamiento o bien directamente por efecto de una llama.

3.3. Clasificación

Como el resto de explosivos, los **objetos explosivos** pueden ser objeto de clasificación atendiendo a múltiples criterios. Se expondrán a continuación tanto la clasificación contenida en el artículo 9 del Reglamento de Explosivos como otra de tipo puramente técnico:

Clasificación según el artículo 9

Según el artículo 9 del Reglamento, la composición y aplicación de los objetos explosivos determinará su clasificación en:

- Mechas
- Cordones detonantes
- Detonadores
- Multiplicadores
- Otros objetos explosivos

Clasificación técnica

En una aproximación técnica al concepto de iniciador, este objeto explosivo puede clasificarse distinguiendo, en primer lugar, entre **detonadores de mecha, eléctricos, no eléctricos, electrónicos, otros detonadores, relés y otros sistemas de iniciación,** siendo cada uno de ellos el que determina, con la misma denominación, el sistema de detonación del que se trate.

A continuación, se verán cuáles son las características definitorias de cada uno de estos iniciadores o sistemas debiendo concretar previamente que todos ellos tienen en común el contener aproximadamente la misma carga explosiva y diferenciándose en función del modo de iniciación de la carga.

Detonadores de mecha

Son los que se inician por medio de una mecha lenta que es introducida en el extremo abierto de la cápsula que contiene la carga explosiva del detonador.

No puede aplicarse en este tipo de iniciadores ningún sistema de retardo de modo que cuando la llama, a través de la mecha que lleva en su interior pólvora, alcance la carga se producirá la detonación.

Detonador ordinario

Detonadores de mecha lenta

Es un elemento que incorpora en su interior o núcleo una cantidad de **pólvora negra.** El núcleo está recubierto por varias capas de materiales aislantes e impermeables que hacen que la **mecha sea resistente a la humedad, a la abrasión y a los esfuerzos mecánicos.**

La velocidad de combustión es la determinada por el fabricante (generalmente dos minutos por cada metro lineal) aunque puede verse alterada dependiendo de las condiciones de conservación del material, ardiendo siempre a la velocidad máxima cuando está seca e inferior a ella cuando está húmeda.

Detonadores eléctricos

Por definición, son aquellos cuya iniciación se produce por la aplicación de energía eléctrica.

Se componen de un inflamador pirotécnico por el que circula la corriente eléctrica que produce la iniciación o detonación de la carga explosiva.

Pueden distinguirse dentro de este grupo dos categorías:

- **Detonadores instantáneos:** son los que detonan sin posibilidad de retardo.
- **Detonadores temporizados:** son los que incorporan un sistema de retardo que, en función de la longitud del elemento que cumple esta finalidad (un casquillo que contiene una pasta pirotécnica que se quema a una concreta velocidad), detonarán en el momento previsto en cada caso.

Detonador eléctrico

Detonadores no eléctricos

Su característica definitoria es que en su iniciación no interviene en ningún momento la electricidad.

En este tipo de detonadores la iniciación se produce por la aplicación de una onda de choque de baja energía, transmitida por un tubo de plástico que contiene material reactivo compuesto de hexógeno y aluminio.

Al ser tan pequeña la cantidad de material reactivo que se aloja en el tubo, este elemento carece de la consideración de material explosivo.

Los detonadores no eléctricos basan su funcionamiento en ondas de choque.

Detonadores electrónicos

Representan la más moderna técnica de iniciación o detonación para voladuras.

A diferencia del resto de los detonadores, en los electrónicos la pasta pirotécnica que facilita el retardo del iniciador se ha sustituido por un circuito electrónico que incorpora un microchip que es el que realiza, previamente programado mediante un código alfanumérico, la descarga correspondiente en el momento deseado para la iniciación del explosivo.

Detonador electrónico

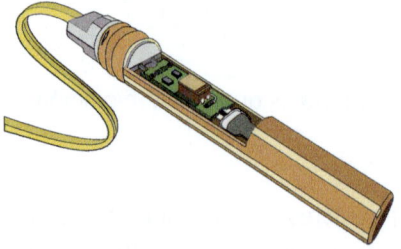

Los detonadores electrónicos también contienen un inflamador o iniciador explosivo.

Cordón detonante

Es un cordón impermeable y flexible que alberga en su interior una sustancia explosiva denominada pentrita.

Se utiliza habitualmente como elemento transmisor a los explosivos secundarios de la detonación iniciada por un explosivo primario.

Su núcleo está compuesto de pentrita y recubierto de material aislante e impermeabilizado que lo hace resistente a la humedad y a la abrasión.

Su función es doble, ya que pueden servir como iniciadores de un explosivo secundario y como explosivo secundario, sirviendo para la detonación en una voladura.

Los cordones detonantes son ideales para ambientes húmedos o abrasivos.

Relé de microrretardo

Es un elemento que, situado de modo intercalado entre dos partes de un cordón detonante, producen el efecto de retrasar la detonación del explosivo entre 15 o 25 ms, según las características de cada relé.

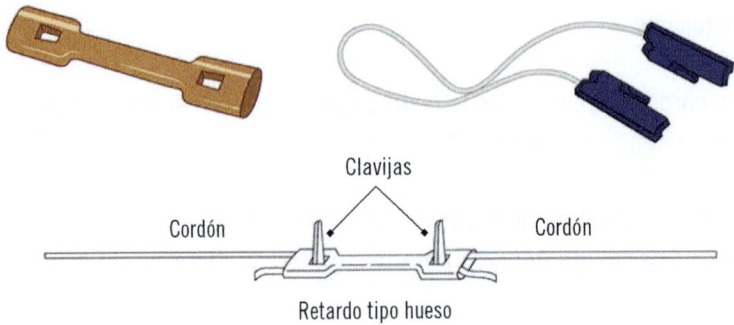

Clavijas

Cordón   Cordón

Retardo tipo hueso

Los relés de microrretardo de 15 milisegundos son rojos, mientras que los de 25 milisegundos son amarillos.

Multiplicadores

Son también conocidos con el nombre de *boosters.*

Se utilizan para la iniciación de explosivos de baja sensibilidad (ANFO, hidrogeles y emulsiones, como ya se ha comentado) y pueden presentarse comercializados dentro de cartuchos o a granel.

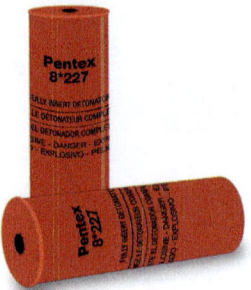

Los multiplicadores tienen una alta velocidad de detonación.

 ## Para saber más

A través del siguiente enlace se puede acceder a la Instrucción Técnica Complementaria número 4: Catalogación de los explosivos.

Continúa en página siguiente >>

<< Viene de página anterior

https://redirectoronline.com/mf00820401

 Actividades

---

9. ¿Cuáles son las dos funciones que cumple un explosivo iniciador?
10. Cite los accesorios iniciadores que se regulan en el Anexo I de la Instrucción Técnica Complementaria número 3.

3.4. Efectos de las explosiones

Desde una perspectiva general, toda explosión produce una liberación simultánea, repentina y habitualmente violenta de energías que producen calor, luz y sonido.

Sin entrar en un estudio más profundo de esta cuestión -que necesariamente requeriría situarse en el ámbito de la termodinámica- y empleando unas nociones y conceptos básicos, los efectos de las explosiones pueden ser explicados del siguiente modo: al producirse la explosión hay una gran liberación de energía por la generación instantánea de gases a una alta presión. En el momento en que tiene lugar esta liberación de energía se produce la **onda de detonación.**

Con la liberación de estos gases se incrementa la energía cinética de las moléculas que se encuentran cercanas al centro donde se ha producido la explosión y ello da lugar a un aumento muy notable de la temperatura que hace que se produzca una dilatación o expansión térmica, en este caso del fluido existente alrededor del objeto explosionado: el aire.

 Importante

Toda explosión produce una liberación simultánea, repentina y violenta de energías que producen calor, luz y sonido.

Con esta expansión térmica se produce una onda expansiva que, al seguir recorriendo el aire de alrededor, produce un choque que da lugar a una llamada **onda de presión** (también conocida como "onda física" u "onda de choque").

La continuación en la propagación de esta onda, ya a más baja velocidad, da lugar a una **onda sonora** que es la que se produce cuando la onda de presión disminuye por debajo de los 340 m/s.

Son elementos a considerar también como efecto resultante de una explosión las llamadas **proyecciones.** Estas están constituidas por todos aquellos fragmentos de objetos y materiales afectados por la explosión que salen despedidos y se desplazan a gran velocidad, pudiendo llegar a alcanzar, dependiendo de sus características y de la intensidad de la detonación, grandes distancias.

No pueden, finalmente, olvidarse en este apartado los efectos acústicos de una explosión que, al producirse de modo rápido pero con muy alta intensidad, puede dar lugar al llamado "trauma acústico" del que resulta, en la mayoría de los casos, una pérdida de audición repentina y dolorosa.

3.5. La destrucción de explosivos

La destrucción de explosivos industriales (así como de los accesorios que se han estudiado) debe tener lugar cuando se ha producido en ellos una descomposición tal que no pueden ser objeto de recuperación.

El hecho de que el explosivo o el accesorio se encuentren descompuestos o en estado de descomposición progresiva no implica, sin embargo, que hayan perdido su capacidad de detonar, por lo que nunca deberán manipularse sin observar las necesarias medidas de seguridad a las que se hará referencia en otro apartado posterior.

La destrucción de los explosivos descompuestos o deteriorados (y de aquellos que no hayan sido utilizados finalmente en una voladura o de aquellos para los que así lo pudiera disponer la autoridad competente) exige su realización por los técnicos especializados en esta materia, que habrán de estar en posesión de la licencia correspondiente para su manipulación.

Aunque referidas, en particular, al funcionamiento de las fábricas de explosivos, será útil reseñar que el artículo 86 del Reglamento de Explosivos establece que la destrucción de materias y productos explosivos se realizará, en su caso, en lugares específicos debidamente acondicionados en función del procedimiento de destrucción que se utilice. Igualmente, dispone el Reglamento de Explosivos que las instalaciones y los procedimientos utilizados en la destrucción de materias y productos explosivos deberán ser expresamente autorizados por el Delegado del Gobierno en la Comunidad Autónoma, previo informe del Área de Industria y Energía, la cual propondrá las condiciones específicas a las que deberán ajustarse tales operaciones de destrucción.

 Importante

Se debe extremar la precaución cuando se manipulan los explosivos, incluso si estos se encuentran descompuestos o en estado de descomposición progresiva.

Todas las operaciones de destrucción deben, pues, realizarse de modo técnico y sistemático. Pueden distinguirse, así, los siguientes métodos o sistemas de destrucción de explosivo según si la misma tiene lugar por combustión, por detonación o mediante el uso de productos químicos (por disolución).

En líneas generales, se examinarán a continuación los distintos métodos citados.

Destrucción por combustión

Es un método conocido también como **quema** o **incineración** y, aun cuando es habitual en su utilización, presenta grandes riesgos debido a la posibilidad de que la combustión termine convirtiéndose en una detonación.

Para tratar de evitar este riesgo, Bernaola, Castilla y Herrera (2013) recomiendan la adopción, entre otras, de las siguientes medidas de seguridad:

- Limitar la cantidad de explosivos que serán destruidos mediante este sistema.
- Iniciar la combustión con los medios apropiados, manteniendo en todo caso el área de combustión seca, fría y limpia de objetos que pudieran llegar a actuar como proyectiles.
- Evitar ejecutar la operación de destrucción cuando existan condiciones meteorológicas adversas (viento fuerte, lluvia o calor excesivo).
- Mantener las distancias adecuadas a los lugares habitados y a las vías de comunicación, así como a los operarios que llevan a cabo la labor de destrucción.

Destrucción por detonación o explosión

Se configura, en general, como el método más adecuado para destruir material explosivo, ya que es rápido, seguro y simple de aplicar. Es, en todo caso, el más aconsejable cuando se trate de la destrucción de explosivos deteriorados.

No obstante, a pesar de ser un método conocido para el personal técnico autorizado para manipular explosivos, lo cierto es que deben extremarse las medidas de precaución cuando se utilice, ya que se produce al aire libre y puede producir proyecciones y afectaciones por rotura de cristales y estructuras debidas a la onda aérea producida en la detonación.

Como ya se ha indicado, la destrucción por este medio suele realizarse al **aire o a cielo abierto,** pero también puede ejecutarse la detonación **en un barreno,** siendo este último el medio más adecuado para la destrucción de explosivos pulverulentos, que se incorporarán a la carga del barreno para su explosión.

Destrucción por disolución

Exige este método de destrucción un conocimiento exhaustivo del material en cuestión y debe realizarse siempre en cantidades limitadas.

Generalmente, es aconsejable que este medio de destrucción se realice por el propio fabricante del producto que es el que conoce a fondo su composición y características.

El sistema de disolución exige la inmersión del explosivo en agua o en otro líquido adecuado para la destrucción del material que compone el producto y una vez destruidos los explosivos por este método, los residuos habrán de contemplarse como residuos para llevar a cabo su correcto tratamiento medioambiental.

El ANFO es un explosivo que resulta disoluble utilizando para ello simplemente agua.

 Actividades

11. Señale qué tres tipos de ondas se producen con la detonación de un explosivo.
12. Mencione los procedimientos generalmente utilizados para la destrucción de explosivos e identifique cuál de ellos es el que exige la inmersión de producto en agua o en otro líquido adecuado para su destrucción.

4. La cartuchería y pirotécnica. Características y clasificación

El vigente Reglamento de Explosivos fue aprobado por el Real Decreto 130/2017, de 24 de febrero. Esta disposición, en su redacción originaria, contenía una serie de preceptos que regulaban materias específicas relativas a pirotecnia y cartuchería.

En la actualidad, los requerimientos técnicos en el ámbito de la seguridad no tienen el mismo grado de complejidad en el caso de los explosivos y del material pirotécnico y cartuchería. Por ello, las disposiciones relativas a estos últimos se encuentran en el Reglamento de Artículos Pirotécnicos y Cartuchería, aprobado por Real Decreto 989/2015, de 30 de octubre.

 Importante

El Reglamento de Artículos Pirotécnicos y Cartuchería incorpora al derecho español las siguientes normas comunitarias: la Directiva 2013/29/UE, de 12 de junio de 2013, sobre la armonización de las legislaciones de los Estados miembros en materia de comercialización de artículos pirotécnicos (versión refundida); la Directiva de ejecución 2014/58/UE, por la que se establece, de conformidad con la Directiva 2007/23/CE del Parlamento Europeo y del Consejo, un sistema de trazabilidad de los artículos pirotécnicos, y la Directiva 2012/18/UE del Parlamento Europeo y del Consejo, de 4 de julio de 2012, relativa al control de los riesgos inherentes a los accidentes graves en los que intervengan sustancias peligrosas.

4.1. La cartuchería y la pirotecnia

El Reglamento de Artículos Pirotécnicos y Cartuchería contiene normas reguladoras de las empresas que se dedican a la fabricación de estos dos tipos de elementos. Deben estudiarse, por ello, algunas de estas normas más relevantes.

En primer lugar, hay que concretar que se considera empresa del sector de la pirotecnia o de la cartuchería a toda persona física o jurídica que, disponiendo de un seguro u otra garantía financiera para cubrir su responsabilidad civil, esté en posesión de la correspondiente autorización administrativa para la fabricación, almacenamiento, comercialización, uso, transferencia, importación o exportación de artículos pirotécnicos y cartuchería.

Los titulares de las autorizaciones necesarias para el ejercicio de las actividades reguladas por el Reglamento de Artículos Pirotécnicos y Cartuchería deberán tener la nacionalidad española o la de cualquiera de los países miembros del Espacio Económico Europeo, o la nacionalidad o parentesco determinado por la normativa que sea de aplicación. Al obtener la correspondiente autorización, al titular de la misma se le reconocerán una serie de facultades que serán en todo caso intransferibles e inalienables, salvo que así se autorizase expresamente por el órgano administrativo competente.

 Importante

Las empresas fabricantes de artículos de cartuchería y pirotecnia deberán contar con un seguro de responsabilidad civil y una autorización administrativa.

Las autorizaciones concedidas tendrán, en general, una vigencia indefinida salvo en aquellos casos en que un precepto reglamentario o la propia autorización establezcan una limitación temporal. En todo caso, para que la vigencia de la autorización concedida sea indefinida, el titular de la misma deberá mantener siempre en las fábricas, talleres o depósitos autorizados las mismas condiciones que se exigieron para su concesión.

En el caso de que el titular de la autorización incumpliese las condiciones establecidas en dicho permiso, ello dará lugar a la incoación del correspondiente expediente sancionador que, debidamente tramitado, dará lugar, mediante el dictado de una resolución motivada, a la suspensión temporal de la autorización. Ello se entiende sin perjuicio de la sanción que finalmente pudiera corresponder si se acreditase la comisión de la infracción imputada. Si el incumplimiento observado fuese de carácter grave, además de la suspensión temporal de la autorización, podrá acordarse, previa audiencia del interesado y con una resolución motivada, el cierre temporal del establecimiento.

Recuerde

Los titulares de las autorizaciones necesarias para el ejercicio de las actividades reguladas por el Reglamento de Artículos Pirotécnicos y Cartuchería deberán tener la nacionalidad española o la de cualquiera de los países miembros del Espacio Económico Europeo, o la nacionalidad o parentesco determinado por la normativa que sea de aplicación.

Por último, en relación con los talleres y depósitos en los que estén presentes artículos pirotécnicos y cartuchería, la normativa vigente obliga al titular de los mismos a advertir tal circunstancia en todo momento y lugar, y de modo perfectamente visible, mediante la señal indicadora del peligro inherente a la presencia de tales artículos. La señal que deberá exhibirse es la definida en la Instrucción Técnica Complementaria número 22 del Reglamento de Artículos Pirotécnicos y Cartuchería que se muestra a continuación:

**Señal de peligrosidad de presencia de artículos
pirotécnicos y cartuchería en los talleres y depósitos**

4.2. Características

En el ámbito de la cartuchería y los artículos pirotécnicos que son objeto de estudio en el presente apartado, es importante conocer algunas definiciones básicas que contiene el artículo 4 del Reglamento de Artículos Pirotécnicos y Cartuchería y que describen, de modo genérico, las características de los artículos ahora estudiados:

- **Artículo pirotécnico:** se refiere a todo artículo que contenga materia reglamentada destinada a producir un efecto calorífico, luminoso, sonoro, gaseoso o fumígeno o una combinación de tales efectos, como consecuencia de reacciones químicas exotérmicas autosostenidas.
- **Artículo pirotécnico destinado al uso en teatros:** artículo pirotécnico diseñado para su utilización en escenarios al aire libre o bajo techo, incluyendo las producciones de cine y televisión, o para usos similares.
- **Artículo pirotécnico para vehículos:** componentes de dispositivos de seguridad de un vehículo que contengan materias pirotécnicas utilizadas para la activación de este u otro tipo de dispositivos.
- **Artificio de pirotecnia:** artículo pirotécnico con fines recreativos o de entretenimiento.
- **Cartuchería:** todo tipo de cartuchos dotados de vaina con pistón, fuego anular y cargados de pólvora, lleven o no proyectiles incorporados. Los pistones y vainas con pistón, independientemente de que estas se encuentren vacías o a media carga, tendrán la misma consideración, a efectos de este reglamento, que el tipo de cartucho que pueda fabricarse con ellos.
- **Materia reglamentada en la cartuchería:** materia propulsante contenida en el cartucho y materia explosiva que se encuentra contenida en el sistema de iniciación o pistón.
- **Materia reglamentada en la pirotecnia:** materias explosivas o mezclas explosivas de materias que forman parte de los artículos pirotécnicos y que tienen efecto detonante o pirotécnico. Sin perjuicio de lo anterior, la pólvora negra utilizada por un taller de pirotecnia para la fabricación de artículos pirotécnicos será considerada materia reglamentada. La pólvora negra que se vaya a introducir en el mercado y/o comercializar estará sujeta a las disposiciones del Reglamento de Explosivos. Esta materia reglamentada en la pirotecnia se compone de:

- **Materia detonante:** que está destinada a producir efecto de trueno y apertura en algunos artículos pirotécnicos.
- **Materia pirotécnica:** que está destinada a producir los efectos no detonantes en los artículos pirotécnicos, así como la pólvora negra utilizada en el taller como materia prima.

4.3. Clasificación

Una vez aclaradas las disposiciones comunes y las características esenciales de los artículos pirotécnicos y de la cartuchería, procede ahora estudiar la clasificación de unos y otros, conforme a lo dispuesto en la normativa sectorial de aplicación.

De acuerdo con lo establecido en el artículo 7 del Reglamento de Artículos Pirotécnicos y Cartuchería, tanto unos como otros se adscribirán, a los efectos de la graduación de riesgo involucrado en la manipulación, almacenamiento y transporte a una de las divisiones de riesgo definidas en el Manual de Recomendaciones Relativas al Transporte de Mercancías Peligrosas, reglamento tipo de las Naciones Unidas.

 Nota

La última revisión del documento de las Naciones Unidas denominado "Recomendaciones Relativas al Transporte de Mercancías Peligrosas" es la decimonovena, realizada en Nueva York y Ginebra en el año 2019.

Clasificación de la cartuchería

El artículo 9 del reglamento establece que la cartuchería se clasificará mediante la tipificación siguiente:

1. Según su uso:

   a. Para actividades deportivas (caza, tiro, pesca, simulaciones, etc.).
   b. Para actividades laborales (agricultura, industria, construcción, etc.).
   c. Para montaje en dispositivos industriales de seguridad.
   d. Otros.

2. Por sus componentes:

   a. Con proyectiles.
   b. Sin proyectiles.
   c. Con vaina totalmente metálica.
   d. Con vaina no metálica o parcialmente metálica.
   e. Con iniciador de percusión.
   f. Con iniciador de otro tipo (eléctrico, de fricción, etc.).
   g. Con pólvora sin humo (simple base, doble base, etc.).
   h. Con otros propulsantes (pólvora negra, composiciones pirotécnicas, etc.).

3. Por el tipo de arma o aparato que lo dispara:

   a. Para armas rayadas.
   b. Para escopetas de caza y demás armas de fuego largas de ánima lisa.
   c. Para otras armas y aparatos.
   d. Para montar en dispositivos de seguridad.
   e. Para simuladores montados en armas (subcalibres, dispositivos de entrenamiento, etc.).

Aclara el reglamento que los cartuchos de impulsión y los de fogueo cuya carga de pólvora exceda los 0,3 g se asimilarán, en cuanto a circulación, almacenamiento, adquisición, tenencia y uso, a la cartuchería no metálica de actividades deportivas.

Clasificación de los artículos pirotécnicos

La categorización de los artículos pirotécnicos se realizará por el propio fabricante atendiendo a su utilización, su finalidad o su nivel de peligrosidad, incluido su nivel sonoro.

La categorización de estos artículos será la siguiente de acuerdo con el artículo 8.3 del Reglamento de Artículos Pirotécnicos y Cartuchería:

a. Artificios de pirotecnia:

- Categoría F1: artificios de pirotecnia de muy baja peligrosidad y nivel de ruido insignificante destinados a ser usados en zonas delimitadas, incluidos los artificios de pirotecnia destinados a ser utilizados dentro de edificios residenciales.
- Categoría F2: artificios de pirotecnia de baja peligrosidad y bajo nivel de ruido destinados a ser utilizados al aire libre en zonas delimitadas.
- Categoría F3: artificios de pirotecnia de peligrosidad media destinados a ser utilizados al aire libre en zonas de gran superficie y cuyo nivel de ruido no sea perjudicial para la salud humana.
- Categoría F4: artificios de pirotecnia de alta peligrosidad destinados al uso exclusivo por parte de expertos, también denominados «artificios de pirotecnia para uso profesional» y cuyo nivel de ruido no sea perjudicial para la salud humana. En esta categoría se incluyen los objetos de uso exclusivo para la fabricación de artificios de pirotecnia.

b. Artículos pirotécnicos destinados al uso en teatros:

- Categoría T1: artículos pirotécnicos de baja peligrosidad para su uso sobre escenario.
- Categoría T2: artículos pirotécnicos para su uso sobre escenario que deban ser utilizados exclusivamente por expertos.

c. Otros artículos pirotécnicos:

■ Categoría P1: todo artículo pirotécnico que no sea un artificio de pirotecnia ni un artículo pirotécnico destinado al uso en teatros y que presente una baja peligrosidad.

■ Categoría P2: todo artículo pirotécnico que no sea un artificio de pirotecnia ni un artículo pirotécnico destinado al uso en teatros y que deba ser manipulado o utilizado exclusivamente por expertos. En esta categoría se incluyen las materias reglamentadas, los objetos que puedan emplearse en la fabricación de artículos de varias categorías y los productos semielaborados que se comercializan entre fabricantes. Asimismo, se incluyen en esta categoría los cohetes antigranizo.

d. Artículos pirotécnicos de utilización en la marina:

■ Señales fumígenas.
■ Señales luminosas.
■ Señales sonoras.
■ Lanzacabos, etc.

 Importante

El Reglamento de Artículos Pirotécnicos y Cartuchería es de aplicación a los artículos de utilización en la marina, salvando en todo caso lo dispuesto en la norma reguladora de los requisitos que deben reunir los equipos marinos destinados a ser embarcados en los buques, en cumplimiento de la Directiva 2014/90/UE, del Parlamento Europeo y del Consejo, de 23 de julio de 2014, sobre equipos marinos, en particular, en lo relativo a la marca de timón, regulada en dicha norma comunitaria.

 Actividades

13. ¿Qué es un artificio de pirotecnia?
14. Atendiendo a sus componentes, ¿cómo puede clasificarse la cartuchería?

5. Medidas de seguridad a adoptar en la manipulación y custodia de los explosivos, cartuchería y material pirotécnico. Depósitos y almacenamientos especiales

En cualquier operación relacionada con el manejo y la custodia de explosivos deberán adoptarse de manera imprescindible las medidas de seguridad que la normativa vigente, incluso la lógica y la precaución, imponen.

A continuación, se analizarán estas medidas a aplicar, haciéndolas extensivas no solo a los explosivos, sino también a los productos que integran la cartuchería y al material pirotécnico.

5.1. Medidas de seguridad a adoptar en la manipulación y custodia de los explosivos, cartuchería y material pirotécnico

De acuerdo con lo dispuesto en el artículo 137 del Real Decreto 863/1985, de 2 de abril, por el que se aprueba el Reglamento General de Normas Básicas de Seguridad Minera, solo estarán capacitadas para el uso de explosivos aquellas personas que, especialmente designadas por la dirección facultativa, estén en posesión del correspondiente certificado de aptitud, que les autorice para el tipo de trabajo y por el periodo de tiempo que, en dicho certificado, se especifique. Las restantes personas que manejen o manipulen explosivos, distintas de los artilleros anteriormente aludidos, deberán ser debidamente instruidas por la dirección facultativa, en los términos que establezca, al respecto, la Disposición Interna de Seguridad.

Dicho lo anterior, una primera medida a observar es necesariamente el almacenamiento de los explosivos en los depósitos autorizados por el órgano o autoridad administrativa competente. Todos los depósitos de explosivos deberán estar señalizados oportunamente.

En cada lugar donde se manipulen o custodien explosivos habrá una sola persona que será la responsable de su distribución, siendo esta misma persona la encargada de llevar un libro-registro en el que se anotarán todos los movimientos de entrada y salida de los explosivos respecto del lugar en el que estén almacenados.

Sin excepción alguna deberá observarse la prohibición de fumar o de aplicar o encender cualquier tipo de llama en los lugares próximos a los depósitos o almacenes de explosivos.

Los explosivos habrán de almacenarse de modo ordenado para llevar a cabo su consumo según la fecha de entrada en el depósito, debiendo en todo caso evitarse los golpes o choques entre las cajas que los contengan.

Nunca se almacenarán ni transportarán conjuntamente los explosivos secundarios con cualquier sistema o mecanismo que pudiera dar lugar a su iniciación.

En todo caso, las medidas de seguridad a las que se está haciendo referencia se guardarán no solo en relación con los explosivos que sean útiles, sino también con aquellos que, por deterioro o por caducidad de su fecha de utilización, o por cualquier otro motivo determinado por el facultativo especialista, deban ser desechados y procederse a su destrucción.

La posibilidad de cortar cartuchos en el ámbito de las explotaciones mineras está radicalmente prohibida. Excepcionalmente, este trabajo podrá autorizarse por la dirección facultativa con determinadas finalidades y usos limitados. En todo caso, será una disposición interna de seguridad la que fijará estas condiciones. Igualmente está prohibido deshacer los cartuchos o quitarles su envoltura, excepto cuando esto sea preciso para la colocación del detonador, o si utilizasen máquinas previamente autorizadas que destruyan dicha envoltura.

La exposición de las medidas de seguridad individualizadas a las que se ha hecho referencia deben completarse con las que resultan de obligada observancia en los distintos lugares donde pueden almacenarse explosivos. Así, en relación con la custodia de explosivos, deben considerarse las medidas de seguridad siguientes.

Medidas de seguridad en fábricas, talleres y depósitos

Con carácter previo al inicio de su actividad, el titular de una fábrica de explosivos habrá de presentar a la Intervención Central de Armas y Explosivos un Plan de Seguridad para su aprobación. Dicho instrumento solo podrá elaborarse por una empresa de seguridad, concretando en él lo siguiente:

1. Empresa de seguridad responsable.
2. Seguridad humana:

- Número de vigilantes de seguridad por turnos.
- Número de turnos.
- Número de puestos de vigilancia.
- Responsable de la seguridad.

3. Seguridad física:

- Condiciones de las fachadas, puertas, cercado perimetral y protección electrónica, cuando proceda.
- Tiempo de reacción.
- Conexión con centro de comunicación.
- Conexión con la Guardia Civil.

La empresa de seguridad que haya elaborado el Plan de Seguridad, o cualquier otra con capacidad técnica, será responsable del mantenimiento de las condiciones especificadas en el mismo.

Cuando en las fábricas no se esté trabajando en horario de producción y siempre que las materias reglamentadas se hallen dentro de las mismas, en depósitos industriales, se considerarán como depósitos, a efectos de seguridad. En estos casos, la vigilancia mediante personal de seguridad privada podrá sustituirse por un diseño adecuado de seguridad física.

En los talleres se podrá igualmente sustituir la vigilancia humana por una seguridad física suficiente que también será, en su caso, aprobada por la Intervención Central de Armas y Explosivos.

De acuerdo con la Instrucción Técnica Complementaria número 1, anexa al Reglamento de Explosivos, habrá que tenerse en cuenta lo siguiente:

5. Sin perjuicio de que todas las fábricas de explosivos estén bajo el control de una Intervención de Armas y Explosivos, la Dirección General de la Guardia Civil podrá dotar a alguna de ellas, de una Intervención Especial de Armas y Explosivos o de un Destacamento bajo el mando del Interventor de Armas y Explosivos. En este caso, los titulares de las fábricas las dotarán de los medios necesarios para el desarrollo de sus funciones.

6. La conexión entre la Central Receptora de Alarmas y la Guardia Civil lo será con la Unidad que designe el Jefe de la Zona donde esté ubicada la fábrica o depósito. La Central Receptora de Alarmas, una vez verificada la alarma, comunicará la incidencia sin dilación a la Unidad de la Guardia Civil y a las Fuerzas y Cuerpos de Seguridad territorialmente competentes.

Medidas de seguridad física mínimas en talleres, fábricas y depósitos

En los casos en que esté normativamente prevista la posibilidad de sustituir la vigilancia humana por la seguridad física, las medidas de seguridad que esta deberá reunir serán, como mínimo, las siguientes:

1. **Cercado perimetral.** El objeto de esta medida de seguridad es delimitar claramente la propiedad y evitar la entrada de animales para prevenir la generación de alarmas nocivas.
2. **Acceso principal.** Se integrará en el cercado perimetral. Deberá alcanzar toda la extensión del acceso desde el puesto de control y se integrará por un portón deslizante que se abrirá y cerrará manualmente con un telemando.
3. **Protección electrónica.** Estará compuesta por un sistema de detección perimetral, otro de detección interior, un sistema de supervisión de líneas de comunicación; un sistema de control (recepción, transmisión, evaluación y presentación) de las señales y sistemas auxiliares tales como fuentes de alimentación ininterrumpida (UPS), pulsadores de alarma, detección de intrusiones en sala de equipos y unidad de control de acceso al establecimiento.

Medidas de seguridad en transportes interiores en instalaciones mineras

La distribución que, de los explosivos y sus accesorios, se realice dentro del recinto de cada explotación se hará siempre de acuerdo con la normativa de aplicación, esto es, las normas contenidas en el Reglamento General de Normas Básicas de Seguridad Minera y, en particular, de acuerdo con las disposiciones internas de seguridad de cada empresa. No obstante, cuando este género de transporte exija la utilización de vías públicas se cumplirá lo dispuesto en el Reglamento de Explosivos y los Reglamentos Nacionales de Transporte de Mercancías Peligrosas.

Los detonadores, relés de microrretardo, encendedores de seguridad para mechas o iniciadores de explosivos nunca podrán transportarse conjuntamente con los explosivos y su transporte se realizará en las mismas condiciones que las de estos últimos. El cordón detonante se considerará, a estos efectos, incluido dentro de los explosivos industriales. No obstante, la Dirección General de Minas podrá autorizar el transporte conjunto de explosivos y detonadores, en las condiciones y con las limitaciones que establezca.

El transporte de los explosivos y sus accesorios, dentro de las obras y explotaciones, así como por pozos y galerías, no podrá coincidir con las entradas y salidas de los relevos principales.

Los vehículos o recipientes en los que se transporten explosivos o productos explosivos dentro de las obras y explotaciones, así como por pozos o galerías, deberán estar autorizados por la correspondiente Dirección Provincial.

Los conductores y maquinistas encargados del transporte de explosivos o productos explosivos, sea por vehículos, trenes o máquinas de extracción, serán debidamente advertidos de la naturaleza del producto transportado y vendrán obligados a observar las normas establecidas en las disposiciones internas de seguridad.

Los explosivos se transportarán en sus envases y embalajes de origen o en sacos o mochilas con buen cierre y de capacidad máxima para 25 kg.

El transporte de los detonadores y otros accesorios se realizará siempre en sus envases originales o en cartucheras que tengan un cierre asegurado. Siempre con un acondicionamiento especial para que no pueda ocurrir ningún choque entre los mismos y sin que puedan quedar al descubierto los hilos de los detonadores eléctricos.

Siempre, sin excepción, habrá una persona que se responsabilice del movimiento de los explosivos y sus accesorios. Dicho responsable deberá haber sido instruido especialmente a tal efecto y no podrá nunca entregar estos productos más que a quienes están autorizados y habilitados para transportarlos. En todo caso, la entrega se hará a cambio de un recibo firmado en el que constarán los datos específicos de cada entrega.

 Aplicación práctica

Hace unos meses que Álvaro y Claudia obtuvieron sus respectivas habilitaciones como vigilantes de explosivos.

La empresa para la que han prestado servicios de vigilancia y protección desde que comenzaron a ejercer como vigilantes de seguridad ha contratado a una empresa de Madrid que realiza la explotación a cielo abierto de recursos de minerales dedicados a la ornamentación para cuya obtención es preciso el uso de material explosivo.

Dado el tiempo que llevan trabajando para esta empresa, a total satisfacción de sus superiores, el jefe de servicio ha decidido que sean ellos los que vayan a complementar la plantilla de vigilantes de explosivos para prestar servicios en una de las canteras.

En su primer día de servicio, Claudia y Álvaro deben comprobar que en el transporte interno del material explosivo se cumplen escrupulosamente las medidas de seguridad normativamente establecidas.

1. ¿Qué reglamentación deberán aplicar en este caso?
2. Describa qué tipo de comprobaciones deberán realizar en los camiones que transportan el material explosivo desde el depósito hasta el frente en el que va a ser usado.

SOLUCIÓN

1. La normativa que deben aplicar Álvaro y Claudia en los transportes interiores de explosivos en instalaciones mineras se hará siempre de conformidad con lo dispuesto en el Reglamento General de Normas Básicas de Seguridad Minera. No resultan de aplicación en este caso, al ser disposiciones de carácter genérico, las contenidas en el Reglamento de Explosivos. Igualmente cumplirán y harán cumplir las disposiciones internas de seguridad impartidas por la empresa, especialmente en el Plan de Seguridad.
2. La norma básica de seguridad que deberá observarse en el transporte interior es que los explosivos detonadores y los secundarios no podrán portarse conjuntamente. Los detonadores, relés de microrretardo, encendedores de seguridad para mechas o iniciadores de explosivos irán en un vehículo separado de los explosivos secundarios y deberán todos ellos transportarse adoptando las mismas medidas de seguridad.

Continúa en página siguiente >>

<< Viene de página anterior

Deberán impedir en todo caso que el transporte de explosivos se realice a las horas de las entradas y salidas de los relevos del personal.

Los vehículos en los que se realice el transporte de explosivos deberán estar autorizados por la correspondiente Dirección Provincial del Ministerio de Industria y Energía. El transporte de las materias reglamentadas se hará en sus envases originales o en cartucheras adecuadas con un cierre eficaz. Deberán comprobar en todo caso que estén colocados en el vehículo de modo que no pueda producirse un choque entre productos. Comprobarán siempre que los hilos detonadores eléctricos no queden nunca fuera de los envases.

5.2. Depósitos y almacenamientos especiales

A continuación, se describen los lugares de custodia y almacenamiento de material explosivo y artículos pirotécnicos y cartuchería, a los que se refiere el título del mismo.

Depósitos

Se entiende por depósito el recinto o lugar que alberga uno o más almacenes.

De acuerdo con el artículo 62 del Reglamento de Artículos Pirotécnicos y Cartuchería, los depósitos pueden ser de dos tipos:

a. Depósitos de productos terminados propios o ajenos, integrados o no integrados en un taller: en estos depósitos se almacenarán los productos semielaborados que vayan a ser comercializados (considerados como productos terminados a efectos de su comercialización).
b. Depósitos auxiliares, asociados a un taller de fabricación.

Almacenes

Se entenderá por almacén cada local acondicionado para tal fin.

El artículo 63 del Reglamento de Artículos Pirotécnicos y Cartuchería establece que los almacenes auxiliares asociados a un taller podrán ser:

a. **Superficiales:** son edificaciones a la intemperie en cuyo entorno pueden existir o no defensas naturales o artificiales. La capacidad máxima de cada almacén superficial de productos terminados será de 50.000 kg de materia reglamentada o su equivalente en número de cartuchos. La capacidad máxima de cada almacén superficial auxiliar asociado a un taller de fabricación será de 5.000 kg de materia reglamentada.

b. **Semienterrados:** son los almacenes recubiertos por tierra en todas sus caras, excepto en la frontal. Este recubrimiento tendrá un espesor mínimo de un metro en la parte superior del edificio, descendiendo las tierras por todas sus partes según su talud y no pudiendo tener en ninguno de sus puntos de caída un espesor inferior a un metro. La capacidad máxima de almacenamiento de cada almacén semienterrado de productos terminados será de 50.000 kg de materia reglamentada o su equivalente en número de cartuchos. La capacidad máxima de cada almacén semienterrado auxiliar asociado a un taller de fabricación será de 10.000 kg de materia reglamentada.

c. **Subterráneos:** son excavaciones a las que se accede desde el exterior mediante un túnel o una rampa, y su capacidad máxima, cuando esté asociado a un taller de fabricación, será de 1.000 kg de materia reglamentada.

Almacenamientos especiales

El almacenamiento accidental de las materias reglamentadas fuera de los depósitos autorizados podrá permitirse cuando concurrieran circunstancias que lo hicieran indispensable, tales como accidente o causa imprevisible en el transporte.

Tienen la consideración de depósitos o almacenamientos especiales los siguientes:

1. Los **vehículos que transportan artificios de pirotecnia destinados a espectáculos,** desde su llegada al lugar de destino hasta el montaje del espectáculo, siempre que su llegada al lugar de destino se produzca con una antelación superior a 14 h a la hora prevista para el inicio del

espectáculo. Deberán extremarse las medidas de seguridad, impidiendo el acceso a las proximidades del vehículo a personas no autorizadas.

2. Las **armerías,** que podrán almacenar, previa autorización del Delegado del Gobierno en la comunidad autónoma respectiva, con informe del Área Funcional de Industria y Energía, y de la Intervención Central de Armas y Explosivos de la Guardia Civil, lo siguiente:

   a. Pólvora para su venta en envases precintados, hasta 30 kg.
   b. Cartuchería de caza no metálica, hasta un máximo de 500.000 uds.
   c. Cartuchería metálica, hasta un máximo de 250.000 uds.
   d. Cartuchería de fogueo, hasta un máximo de 500.000 unidades.
   e. Pistones para cartuchería, hasta un máximo de 200.000 uds., en envases precintados.
   f. Cápsulas propulsoras, en envases precintados, hasta un máximo de 500.000 uds.

3. Las **empresas de seguridad,** que podrán almacenar en sus instalaciones, tanto en sedes como en delegaciones, la cartuchería necesaria para el desempeño de sus funciones.

4. Los **polígonos y galerías de tiro,** así como las **empresas especializadas en custodia de armas.** Podrán almacenar en sus instalaciones cartuchería previo informe de la Intervención de Armas y Explosivos, siempre y cuando reúnan las necesarias medidas de seguridad, y en las cantidades máximas que determine la Dirección General de la Guardia Civil.

5. **Los de los particulares,** para la carga o recarga de cartuchería, pudiendo tener almacenados hasta un kilogramo de pólvora, cien unidades de vainas con pistón y cien pistones.

 Aplicación práctica

En la empresa de seguridad donde trabajan Daniel y Sofía se ha contratado la prestación de un servicio de transporte de material pirotécnico destinado a su utilización en las fiestas patronales de Argamasilla de Araujo. La carga que han de transportar es la que servirá para el espectáculo de fuegos artificiales que tendrá lugar a las 23:00 h del domingo día 23 de agosto para poner el broche final a las fiestas.

Continúa en página siguiente >>

≪ Viene de página anterior

El vehículo cargado con el material pirotécnico sale de la fábrica de Valencia el sábado día 22 de agosto y Daniel y Sofía son, junto con otros dos compañeros, los encargados de vigilar y proteger el material a transportar. El vehículo viaja toda la noche y llega a Argamasilla de Araujo el mismo domingo 23 a las 07:00 h, dirigiéndose al lugar en que se va a montar el espectáculo pirotécnico, aunque dicho montaje no comenzará hasta las 18:00 de ese mismo día.

¿Qué medidas de seguridad deberán adoptarse en relación con el material pirotécnico, teniendo en cuenta la hora a la que ha llegado el vehículo de transporte y aquella a la que está previsto que comience el montaje y la celebración del espectáculo?

SOLUCIÓN

Teniendo en cuenta la hora a la que está previsto el comienzo del montaje para el espectáculo de fuegos artificiales, deberán observar las precauciones generales del transporte de material explosivo.

Sin embargo, deberán extremar las medidas de seguridad teniendo en cuenta que la llegada del vehículo que transporta el material reglamentado al lugar de destino se produce a las 07:00 h del día en que el espectáculo tendrá lugar y que este no está previsto hasta las 23:00 h.

Esto significa que entre la citada hora de llegada y la prevista para el inicio del espectáculo van a transcurrir más de 14 h, lo que significa que el vehículo de transporte se convierte desde la llegada en un depósito o almacenamiento especial del material pirotécnico, debiendo adoptarse por ello medidas de seguridad específicas y más reforzadas, impidiéndose en todo caso el acceso al vehículo o sus proximidades a personas no autorizadas.

---

6. Medidas de seguridad a adoptar en el transporte para diferentes medios, carga y descarga de explosivos, cartuchería y material pirotécnico

De conformidad con lo dispuesto en el Reglamento de Explosivos, el transporte de explosivos, cartuchería y artificios pirotécnicos se regirá por lo establecido en la reglamentación vigente para el medio de transporte correspondiente y, en su defecto, por las prescripciones marcadas en el propio reglamento.

Quedarán incluidos en el ámbito de transporte el porte propiamente dicho y las operaciones de carga, descarga y manipulación complementarias, así como los medios empleados en las citadas operaciones.

Por el contrario, se excluyen de la regulación contenida en el Reglamento de Explosivos las operaciones de transportes interiores de explosivos en los lugares de utilización, que se regirán por lo establecido en el Reglamento General de Normas Básicas de Seguridad Minera.

 Sabía que...

El Reglamento General de Normas Básicas de Seguridad Minera fue aprobado por Real Decreto 863/1985, de 2 de abril.

6.1. Medidas de seguridad generales a adoptar en el transporte por diferentes medios

Con carácter general, **está prohibido el transporte conjunto de detonadores con cualquier otro explosivo** en un mismo vehículo, vagón, bodega o contenedor, salvo si su compatibilidad lo permite, según lo establecido en la ITC número 16, o se utilizan compartimentos o mamparas separadoras que cumplan lo establecido en la ITC número 29.

 Recuerde

La Instrucción Técnica Complementaria número 16, del Reglamento de Explosivos contiene disposiciones relativas a la compatibilidad de almacenamiento y transporte de explosivos.

No obstante, los Delegados del Gobierno podrán autorizar tales transportes conjuntos para recorridos que no excedan de 200 km, siempre que se cumplan las condiciones siguientes:

■ Que los detonadores y los explosivos se coloquen en cofres distintos, previamente homologados.
■ Que el número de detonadores no exceda de 500 uds.
■ Que la cantidad de los otros explosivos no sobrepase los 100 kg.

Debe tenerse presente que las materias reglamentadas se encontrarán, en todo momento, sometidas a la inspección de la autoridad competente y, tratándose de explosivos y cartuchería metálica, bajo la protección de vigilantes reglamentariamente habilitados.

Durante las operaciones comprendidas en el transporte de las materias reglamentadas (porte propiamente dicho, carga, descarga y manipulación complementaria) estará prohibido fumar, portar cerillas o cualquier otro dispositivo productor de llamas, sustancias que puedan inflamarse, armas de fuego y municiones, salvo el armamento reglamentario correspondiente a los responsables del transporte.

Cuando se transporten materias reglamentadas, deberá contarse siempre con la documentación que exija cada reglamento que resulte aplicable según el medio de transporte utilizado. No podrá prescindirse de dicha documentación en ninguna parte del recorrido.

Además de los requisitos impuestos por los reglamentos de transporte aplicables en cada caso (por carretera, por ferrocarril, por vía marítima o aérea), con carácter general, en el transporte de sustancias reglamentadas entre dos puntos del territorio nacional se exigirá la siguiente documentación:

1. **Pedido de Suministro** autorizado conforme a lo dispuesto en el artículo 120, salvo que el transporte se realice entre fábricas y depósitos de productos terminados o entre estos entre sí.
2. **Guía de Circulación,** debidamente autorizada por la Intervención de Armas y Explosivos de la Guardia Civil que corresponda al punto de origen de la expedición.

3. **Carta de Porte** o documento equivalente.

Importante

Una Guía de Circulación es el documento que ampara el desplazamiento de explosivos y cartuchería metálica entre dos puntos del territorio nacional y, en todo momento, debe acompañar a su transporte.

Actividades

15. ¿Qué disposición contiene el régimen de aplicación a las operaciones de transporte interior de explosivos en las instalaciones mineras?
16. Mencione los documentos con los que deberá contar cualquier operación de transporte de sustancias reglamentadas entre dos puntos del territorio nacional.

6.2. Normas generales de seguridad sobre carga y descarga de explosivos, cartuchería y material pirotécnico

Además de la necesaria adopción de las medidas de seguridad ya examinadas, está prohibido realizar fuera del horario ordinario de apertura de los depósitos, las operaciones de porte propiamente dicho, la carga, descarga y las manipulaciones complementarias, conforme a lo establecido en la ITC número 11.

No obstante, podrán concederse excepciones puntuales y concretas a la prohibición anterior, siempre y cuando se disponga de alumbrado suficiente y de autorización, para cada operación concreta, emitida por la autoridad que se indica, sobre los siguientes casos:

a. Carga y descarga de barcos y aviones, con autorización de la autoridad portuaria o gestor de la infraestructura aeroportuaria.

b. Carga y descarga de trenes, con autorización del jefe de dependencia correspondiente.

c. Carga y descarga de camiones en los polvorines de un depósito, con autorización previa del Jefe de la Comandancia de la Guardia Civil.

6.3. Medidas específicas de seguridad en el transporte y en las operaciones de descarga de explosivos, cartuchería y material pirotécnico

Se han expuesto en los apartados anteriores las medidas generales de seguridad que deben observarse, de modo común, en todas las operaciones de transporte (porte, carga y descarga y manipulación) de explosivos, artículos pirotécnicos y cartuchería, con independencia del medio de transporte en el que se lleve a efecto.

A continuación, se detallarán las medidas específicas que, conforme a la normativa de aplicación, deberán observarse cuando el transporte se realice por cada uno de los medios a los que se pasa a hacer referencia de modo individualizado.

Transporte por carretera

Conforme al art. 154 del Reglamento de Explosivos, el transporte por carretera de explosivos, realizado íntegramente en territorio español, se ajustará a lo dispuesto en el Real Decreto 97/2014, de 14 de febrero. Asimismo, deberán cumplirse las normas recogidas en el **Acuerdo Europeo sobre el Transporte internacional de Mercancías Peligrosas por Carretera (ADR)** que esté en vigor.

Igualmente, le será de aplicación lo dispuesto tanto en la ITC número 1 como en la normativa de Seguridad Privada.

En cuanto a la **competencia** en las materias reguladas, de acuerdo con el artículo 155 del Reglamento de Explosivos, corresponderá a los siguientes departamentos.

Ministerio del Interior

Normas de circulación, conducción y acompañamiento de los vehículos y, especialmente, en cuanto a las medidas de seguridad, la regulación de los lugares de carga y descarga, y de estacionamiento, los itinerarios y horarios a que deba ajustarse el transporte por carretera, en zonas urbanas y núcleos de población, y régimen de vigilancia del transporte.

Ministerio de Fomento

Documentación de transporte, distintivos, etiquetas y señalización de los vehículos; control y vigilancia de su cumplimiento en coordinación con el Ministerio del Interior; autorizaciones para dedicarse a efectuar transportes, con la fijación de itinerarios si fuese necesario; acondicionamiento y estiba de la carga; uso de las infraestructuras a cargo del Departamento por donde discurra el transporte y admisión, almacenamiento y manipulación en la zona de servicios de los puertos y aeropuertos, y terminales ferroviarias.

Ministerio de Industria, Comercio y Turismo

Características técnicas de los vehículos y recipientes utilizados en el transporte, pruebas o inspecciones periódicas a las que éstos deban someterse y clasificación y compatibilidad de los explosivos.

En cuanto a la **vigilancia y protección** de los vehículos de transporte, regirá lo dispuesto en el Reglamento de Seguridad Privada y en lo establecido en la Instrucción Técnica Complementaria número 1, que ya fue objeto de estudio detenido en el capítulo 1.

1. Las empresas de seguridad autorizadas e inscritas para el transporte en el Registro Nacional de Seguridad Privada del Ministerio del Interior, que pretendan transportar explosivos por el territorio nacional, presentarán con 48 horas de antelación, un plan de seguridad según el modelo aprobado por Intervención Central de Armas y Explosivos.

2. Con carácter general, la dotación de cada vehículo de motor estará integrada al menos por dos vigilantes de explosivos, siempre que dichos vehículos cumplan los requisitos recogidos en el anexo VI. Los vigilantes de explosivos podrán alternar las funciones de conducción y protección, debiendo ser permanente la función de protección.

3. Los vigilantes de explosivos no podrán realizar operación alguna de carga o descarga, ni manipular la materia reglamentada, excepto su estiba, desestiba y acondicionamiento para el transporte y puesta a disposición del usuario dentro de la caja del vehículo.

4. Cuando la Intervención Central de Armas y Explosivos lo estime necesario por razones de seguridad, además del personal de dotación antes impuesto, deberán ir acompañados por un vehículo de apoyo con al menos un vigilante de explosivos que no podrá realizar tareas de conducción, carga o descarga, ni manipular la mercancía.

5. Cuando el transporte esté formado por tres o más vehículos, la dotación mínima será de un vigilante de seguridad de explosivos por vehículo de motor en el que se transporten las materias citadas, acompañado por dos vehículos de apoyo en los que viajará al menos un vigilante de explosivos de una empresa de seguridad privada.

6. Todos los vehículos de motor que conformen el transporte estarán enlazados entre sí y con un centro de comunicaciones de una empresa de seguridad privada designada por la empresa de seguridad que efectúe el transporte, así como con los centros operativos de servicios de la Guardia Civil.

7. Por las características del transporte, la Guardia Civil podrá establecer una escolta propia con el número de efectivos que considere idóneo.

8. Todas las incidencias que se produzcan durante el transporte constarán en la guía de circulación.

9. Con carácter general, en la inspección y control del transporte de explosivos en el punto de origen o inicio de la expedición, se supervisarán los requisitos establecidos para los vehículos y sus medidas de seguridad y, en su caso, la cantidad y clase de materia transportada.

10. Todas las Comandancias conocerán el paso de transportes de explosivos por su demarcación. Para ello la Comandancia de origen lo comunicará con 24 horas de antelación a las Comandancias de paso y de destino.

Con referencia al **desarrollo del transporte,** se observarán las siguientes reglas que se extractan ahora de lo establecido en los artículos 156 a 158 del vigente Reglamento de Explosivos:

Según lo establecido en los artículos 156 a 158 del vigente Reglamento de Explosivos, las reglas que han de seguirse en el desarrollo del transporte serán las siguientes:

- Se evitará en lo posible efectuar paradas no previstas en la guía de circulación, así como atravesar poblaciones y pasar por zonas de gran densidad de tráfico.
- Los lugares de parada se escogerán en áreas situadas a quinientos metros, como mínimo, de núcleos de población. Las paradas por necesidades de servicio no se efectuarán en la proximidad de lugares habitados. Antes de abandonar la cabina la tripulación se asegurará que el motor esté parado, el cambio de marchas en posición segura y los frenos de seguridad accionados.
- En caso de detención por avería, accidente o cualquier otra causa que racionalmente haga presumible un estacionamiento prolongado del vehículo distinta a las necesidades del servicio, se adoptarán las medidas de precaución que se estimen necesarias en atención a las circunstancias del lugar y a la naturaleza de las sustancias transportadas, dando cuenta inmediata a la Guardia Civil.
- Cuando el recorrido de los transportes de explosivos se efectúe mediante una unidad de transporte de tipo III (TPC o ADR), a bordo de dicha unidad de transporte deberá existir un Plan de Emergencia aprobado por la Intervención Central de Armas y Explosivos de la Guardia Civil, en el que deberá figurar un número de teléfono de contacto con el responsable del transporte ante casos de emergencia y una relación de depósitos de explosivos, con su ubicación exacta, utilizables para almacenamiento accidental.
- La regulación en materia de circulación y tráfico de los vehículos que transporten explosivos por carretera se atendrá, en cuanto a lugares de estacionamiento, carga y descarga, itinerarios, horarios y regímenes de distancias de distribución, a las normas que al efecto dictará, con carácter general, el Ministerio del Interior.

En todo caso, en el transporte de explosivos, cartuchería y material pirotécnico por carretera deberán tenerse presente, como **prohibiciones específicas** las siguientes:

a. Queda prohibido al personal de conducción y auxiliar abrir envases que contengan explosivos, salvo que sean requeridos por la autoridad competente.

b. Salvo en los casos en que esté autorizada la utilización del motor para el funcionamiento de bombas y otros mecanismos que permitan o faciliten la carga o descarga del vehículo, el motor deberá estar parado al realizar estas operaciones.

Recuerde

En caso de accidente o avería se tomarán las medidas de seguridad que se estimen necesarias y se avisará al puesto de la Guardia Civil más próximo.

En el ADR (acuerdo europeo de transporte internacional de mercancías peligrosas) se encuentra una clasificación de las mercancías peligrosas donde, por ejemplo: los explosivos son "clase 1" y las mercancías radioactivas son "clase 7". Así mismo, entre otros datos, se encuentran reflejadas las condiciones o requisitos relativos a la **fabricación y equipamientos de los vehículos** destinados al transporte de materiales explosivos (clase 1) denominados vehículos EX/II y EX/III.

Según el ADR estos vehículos estarán provistos como mínimo por **dos extintores** e indica lo siguiente:

Los extintores de incendios deberán estar instalados a bordo de la unidad de transporte de manera que sean fácilmente accesibles para la tripulación. Su instalación deberá protegerlos de los efectos climáticos de modo que sus capacidades operacionales no se vean afectadas.

En el ADR también se especifican una serie de **equipamientos que deberá tener la unidad de transporte y los miembros** de la tripulación. Así, cada uno de ellos contará con:

Unidad de transporte:

- Dos señales de advertencia autoportantes.
- Un calzo por vehículo, de dimensiones apropiadas a la masa bruta máxima admisible del vehículo y del diámetro de las ruedas.

Miembros de la tripulación:

- Un chaleco o ropa fluorescente.
- Un aparato de iluminación portátil.
- Un par de guantes de protección.
- Un equipo de protección ocular.

En el Convenio colectivo estatal de las empresas de seguridad para el periodo julio 2015 - diciembre 2016, registrado en la Resolución de 4 de septiembre de 2015, de la Dirección General de Empleo, en su Artículo 22. Personal operativo, apartado A.2 Personal operativo adscrito a servicios de transporte de explosivos, realiza una descripción diferenciando entre el Vigilante de Seguridad de Transporte de Explosivos y el mismo, pero Conductor.

Vigilante de Seguridad de Transporte

A.2 Personal operativo adscrito a servicios de transporte de explosivos:

a. *Vigilante de Seguridad de Transporte de Explosivos-Conductor: Es el vigilante que, estando en posesión del adecuado permiso de conducir y con conocimientos mecánicos elementales, realizará las funciones propias de Transporte de explosivos, siéndole de aplicación las comunes que se refieren al V.S. de transporte conductor que se describen en el apdo. A.1 a), salvo a.1).*

b. *Vigilante de Seguridad de Transporte de Explosivos: Es el vigilante que con las atribuciones de su cargo desarrolla su labor en el servicio de transporte y custodia de explosivos, carga y descarga de materias y objetos explosivos envasados, acondicionamiento de la carga en la caja del vehículo así como de la vigilancia permanente del mismo, así como las otras funciones complementarias a las que hace referencia el plus de actividad del personal de transporte de explosivos.*

Vigilante de Seguridad de Transporte – Conductor

A.1 Personal operativo habilitado adscrito a servicios de transporte de fondos:

a. Vigilante de Seguridad de Transporte-Conductor.–Es el Vigilante de Seguridad que, estando en posesión del adecuado permiso de conducir y con conocimientos mecánicos elementales en automóviles, efectuará las siguientes funciones:

> *a.1) Conduce vehículos blindados.*

> *b.1) Cuida del mantenimiento y conservación de los vehículos blindados. Asimismo cuida de las tareas de limpieza de los mismos, dentro de las adecuadas instalaciones de la Empresa y con los medios adecuados o, en su defecto, en instalaciones del exterior, dentro de la jornada laboral.*

> *c.1) Da, si se le exige, parte diario y por escrito del trayecto efectuado, del estado del automóvil y de los consumos del mismo.*

> *d.1) Comprobará los niveles de agua y aceite del vehículo completándolos, si faltare alguno de los dos, dando parte al Jefe de Tráfico.*

> *e.1) Revisará diariamente los depósitos de líquido de frenos y de embrague, dando cuenta de las pérdidas observadas.*

> *f.1) Revisará los niveles de aceite del motor, debiendo comunicar al Jefe de Tráfico la fecha de su reposición periódica.*

> *g.1) Cuidará el mantenimiento de los neumáticos del vehículo, revisando la presión de los mismos una vez por semana.*

> *h.1) Aquellas otras funciones complementarias a las que hace referencia el plus de actividad del personal de transporte de fondos.*

Aplicación práctica

Carlos y otro compañero son vigilantes de seguridad de explosivos y desarrollan estas funciones en los servicios contratados por la empresa para la que trabajan desde hace dos años.

Al volver de sus vacaciones anuales, se enteraron de que el servicio que normalmente prestan ellos (de traslado de explosivos desde la fábrica de Pontevedra con destino a una explotación minera en la provincia de Huelva) había sufrido algunas incidencias. Y ello porque, al haber salido con un cierto retraso de la fábrica, el convoy tuvo que ganar el tiempo de retraso y variar su itinerario atravesando una pequeña localidad en la que, sin embargo, no debían de vivir más de doscientas personas. Además, debido también al retraso, se había hecho de noche y tuvieron que detener el convoy en un área de servicio que estaba justo a las afueras de la ciudad de Salamanca.

La mala suerte hizo, además, que el camión sufriera un impacto en el parabrisas lo que, aunque el conductor continuó la marcha disminuyendo la velocidad, hizo que tuviesen finalmente que parar e ir a un taller para asegurar el cristal antes de que se quebrase del todo.

¿Cuáles han sido las irregularidades cometidas durante la prestación del servicio en cuestión?

SOLUCIÓN

En primer lugar, la excusa de ganar el tiempo perdido por el retraso no autorizaba a cambiar el itinerario previsto en la Guía de Circulación, menos aún a realizar paradas no previstas ni a atravesar con el convoy de explosivos ningún núcleo de población, ni aun cuando el que se atravesó tuviera escasamente doscientos habitantes.

Una segunda infracción se cometió al detener el operativo a la entrada de la ciudad de Salamanca, ya que, por una parte, no era el lugar previsto, y por otra, al estar a la entrada de la ciudad se entiende que no se respetó la distancia mínima de 500 m que debe existir entre el lugar donde se puede detener el convoy y el núcleo de población.

Finalmente, el impacto en el parabrisas es un imprevisto que debió considerarse como una avería, ya que hubo que parar para ir al taller y asegurar el cristal para que no terminase de romperse. Al tratarse de una avería se debieron adoptar las medidas de precaución específicas, dando cuenta en todo caso al puesto de la Guardia Civil más próximo.

Transporte por ferrocarril

El transporte por ferrocarril de las materias reglamentadas se atendrá, con carácter general, a lo establecido en el Reglamento Nacional del Transporte de Mercancías Peligrosas por Ferrocarril (TPF) y en el Reglamento para el Transporte Internacional de Mercancías Peligrosas por Ferrocarril (RID), en su caso.

En cuanto a la **competencia** en las materias reguladas, corresponderá a los siguientes departamentos:

a. Al Ministerio de Interior, en cuanto al régimen de vigilancia en el transporte, a la carga y descarga y estacionamiento.
b. Al Ministerio de Fomento en aquellos aspectos que no estén expresamente atribuidos a otros departamentos.
c. Al Ministerio de Industria, Comercio y Turismo respecto de las características técnicas de los vagones y recipientes utilizados en el transporte y a la clasificación y compatibilidad de las materias transportadas.

La **vigilancia del transporte** se atenderá a lo dispuesto en el Reglamento de Seguridad Privada y disposiciones que lo complementen, así como a lo establecido en la Instrucción Técnica Complementaria número 1, que fue objeto detenido de estudio en el capítulo 1. En particular, se tendrán en cuenta las siguientes normas básicas:

- No podrán nunca circular dos vagones consecutivos cuando estén cargados con alguna de las materias reglamentadas.
- Con carácter general, la dotación para este tipo de transportes estará integrada al menos por tres vigilantes de seguridad de explosivos, siempre que los vagones cumplan las características que se determinen en una orden ministerial. Uno de ellos será responsable y coordinador de toda la seguridad. En ningún caso podrán realizar tareas de carga o descarga.
- Los vigilantes de seguridad deberán viajar distribuidos de la siguiente manera: uno, en el vagón tractor o en el más próximo; otro, en el vagón inmediatamente anterior del que transporte materias reglamentadas, y el otro, en el inmediatamente posterior.
- En aquellos casos en que los vagones no cumplan con las especificaciones que se determinen en la orden ministerial, o cuando la Dirección

General de la Guardia Civil, mediante resolución motivada, lo estime necesario por razones de seguridad, se podrá aumentar el número de vigilantes de seguridad de explosivos.

- Todos los vagones estarán enlazados entre sí, con un centro de comunicaciones de una empresa de seguridad privada designada por la empresa de seguridad que efectúe el transporte, así como con los centros operativos de servicios de la Guardia Civil de las provincias de origen, destino, entrada en el territorio nacional y por las que transcurra el transporte, mediante uno o varios sistemas de comunicación que permitan la conexión, en todo momento, desde cualquier punto del territorio nacional.
- Todas las incidencias que se produzcan durante el transporte constarán en la Guía de Circulación.

En relación con las posibles **incidencias surgidas durante el transporte,** habrá de tenerse en cuenta que si el convoy tiene que sufrir una parada durante el viaje, o en una estación fronteriza o terminal, será colocado fuera de las zonas de maniobras, bajo la custodia de personal encargado de la vigilancia. Deberá comunicarse inmediatamente a la Intervención de Armas y Explosivos de la Guardia Civil a fin de que tome las medidas complementarias que estime oportunas.

Respecto a las **normas específicas sobre carga y descarga en el transporte por ferrocarril** deberá considerarse qué horario de carga será fijado por el jefe de dependencia correspondiente, debiendo ajustarse al mismo el expedidor.

Finalmente, en este último apartado habrá de tenerse presente siempre que vehículos que transportan sustancias reglamentadas se aproximarán, siempre que sea posible, hasta un punto desde el que pueda realizarse el trasbordo directo al vagón. Un sistema análogo se seguirá respecto de los vehículos que hayan de retirar las mercancías.

Mientras se estén ejecutando las operaciones de carga y descarga de explosivos, los vehículos cargados que estén esperando su turno para esta operación estarán estacionados a una distancia al vagón que no será inferior a 100 m.

Aplicación práctica

Álvaro, Claudia y Daniel son Vigilantes de Seguridad de Explosivos y se les ha encargado la prestación de un servicio de transporte de explosivos por ferrocarril desde Madrid a Tarragona para su uso en una cantera dedicada a la explotación de rocas con fines de ornamentación.

El convoy está compuesto de siete vagones (incluido el vagón de tracción) y la carga que han de vigilar ocupa tan solo dos vagones.

¿Cuál debe ser la distribución reglamentaria de la carga del material reglamentado? ¿En qué vagones habrán de situarse los profesionales para el desempeño de sus funciones según la normativa aplicable?

SOLUCIÓN

En primer lugar, la carga de los explosivos no puede ir situada en dos vagones consecutivos. Por tanto, deberán ubicarse en dos vagones diferentes separados, al menos, por uno intermedio.

Suponiendo que el material explosivo vaya en el vagón segundo, después del de tracción (en el que se sitúa la máquina del tren) el material explosivo deberá ubicarse al menos en el cuarto vagón. En este caso, un vigilante de seguridad deberá ir en el vagón de tracción, otro deberá permanecer en el tercer vagón y otro en el quinto vagón.

En todo caso, uno de los tres vigilantes de seguridad, según la designación del Jefe de Servicios actuará como responsable y coordinador de todo el operativo de seguridad.

En ningún momento, ninguno de los vigilantes de seguridad de explosivos podrá realizar operaciones de carga y descarga del material reglamentado.

Transporte marítimo

El transporte marítimo de las materias reglamentadas se atenderá, con carácter general, a lo establecido en el Convenio Internacional para la Seguridad de la Vida Humana en la Mar (SOLAS), en el Código Marítimo Internacional de Mercancías Peligrosas (IMDG), en el Reglamento de Admisión, Manipulación y Almacenamiento de Mercancías Peligrosas en los Puertos, aprobado por Real

Decreto 145/1989, de 20 de enero. Se aplicarán también, en lo pertinente, la Ley y el Reglamento de Seguridad Privada.

La **vigilancia del transporte** se atenderá a lo dispuesto en el Reglamento de Seguridad Privada y disposiciones que lo complementen, así como a lo establecido en la Instrucción Técnica Complementaria número 1, que fue objeto detenido de estudio en el capítulo 1 de este manual.

En relación con la **supervisión de la custodia y responsabilidad** sobre las materias reglamentadas que sean objeto de transporte por este medio, será la autoridad competente la que ejercerá la supervisión, en tanto las materias estén dentro del recinto portuario, mientras que será el capitán o patrón del buque el que resulte responsable de ellas desde el momento en que hubieran sido embarcadas, sin perjuicio de la facultad de la autoridad competente para realizar las inspecciones y adoptar las prevenciones que estime convenientes.

 Importante

La vigilancia del transporte se atenderá a lo dispuesto en el Reglamento de Seguridad Privada y disposiciones que lo complementen, así como a lo establecido en la Instrucción Técnica Complementaria número 1.

Las autoridades citadas podrán ejercer en todo momento sus facultades de **inspección** a fin de comprobar que toda embarcación que transporte materias reglamentadas cumple dentro de las aguas y espacio aéreo en que España ejerce soberanía, derechos soberanos o jurisdicción, las prescripciones y normas a las que se está haciendo ahora referencia.

En cuanto a las **prohibiciones específicas** aplicables durante el transporte por este medio, cabe reseñar las siguientes:

1. Durante su **estancia en puerto,** las embarcaciones que transporten explosivos, artículos pirotécnicos y cartuchería solamente podrán efectuar movimiento cuando hubiesen obtenido el oportuno permiso de la Autoridad Portuaria.

2. El buque debe disponer a bordo del personal que constituya las **guardias de puerto** en cubierta y máquina, además del que pueda ser necesario para realizar cualquier maniobra de emergencia, e incluso para maniobrar en cualquier momento.

3. El buque deberá mantenerse, durante su estancia en puerto cargado con materias reglamentadas, con las **máquinas propulsoras listas para salir** del mismo en cualquier momento. No podrá, por ello, efectuarse reparación alguna que pueda impedir o retrasar la salida, salvo que el Capitán Marítimo del Puerto, una vez que haya consultado con el operador del muele o de la terminal, así lo autorice.

4. Los **vehículos que traigan o lleven materias** reglamentadas a/o desde la zona portuaria habrán de cumplir los requisitos de Guía de Circulación y exhibirán las placas y etiquetas que les correspondan.

5. Tendrán **prioridad** siempre las actividades y maniobras que deban realizar los buques cargados con materias reglamentadas, y ello con la finalidad de que su estancia en el puerto sea lo más reducida posible.

6. En caso de fuerza mayor o si concurriera otra **circunstancia excepcional** que impida la salida inmediata del buque, la Dirección General de la Guardia Civil dictará las órdenes correspondientes para reforzar las condiciones de seguridad ciudadana y mantendrá una vigilancia especial, tanto a bordo como en las proximidades de la embarcación.

Finalmente, se hará referencia a las **operaciones específicas de carga** y descarga, en las que deberán tenerse en cuenta las siguientes normas:

a. Ninguna materia reglamentada podrá tener acceso al muelle o terminal, por vía terrestre, hasta que el buque que ha de recibirlas esté debidamente atracado y listo para iniciar la carga y se hayan cumplido las disposiciones generales pertinentes, o bien hasta que los vehículos que han de recibirlas se encuentren en el muelle listos para iniciar el transporte.

b. Tanto los buques que hayan cargado materias reglamentadas, como los vehículos sobre los que se hayan descargado, saldrán del puerto en cuanto termine la carga de cada uno.

c. Las materias reglamentadas deberán ser cargadas o descargadas directamente de buque a vehículo o viceversa. En ningún caso, deberán almacenarse sobre muelle, tinglados o almacenes. Se establece, no obstante, una excepción a esta regla general ya que podrá realizarse la carga y descarga en la forma descrita cuando se trate de cartuchería no metálica u otras municiones de seguridad.

d. Mientras se esté llevando a cabo la carga y descarga de explosivos, los vehículos cargados que estén esperando a que se realicen estas operaciones, permanecerán respecto del buque a una distancia que no podrá ser inferior a 100 m.

Recuerde

Cuando las embarcaciones que transportan explosivos, artículos pirotécnicos y cartuchería permanezcan en puerto deberán seguir las instrucciones de la Autoridad Portuaria.

Aplicación práctica

En el Puerto de Sagunto se va a recibir el próximo lunes un cargamento de explosivos industriales con destino a un puerto italiano para su uso en las canteras de mármol de Carrara.

Según la guía correspondiente, está previsto que la carga del material reglamentado comience a las 08:00 h del día siguiente (martes) al de la llegada del mismo a las instalaciones portuarias. Se ha dispuesto que el material en cuestión, traído directamente desde la fábrica valenciana que lo exporta, llegue al puerto en un convoy de tres vehículos especiales para realizar el transporte, con las correspondientes autorizaciones, a las 20:00 h del lunes.

1. Si los vehículos de transporte llegan al puerto a las 20:00 h del lunes, ¿puede procederse desde ese mismo instante a la descarga del material reglamentado?

Continúa en página siguiente >>

<< Viene de página anterior

2. Si el buque en que se realizara el transporte comienza a efectuar las operaciones de atraque a las 06:00 h del martes, ¿a qué hora puede comenzar la descarga del material reglamentado desde los vehículos que lo han traído al puerto?
3. ¿Puede impartir el práctico del puerto instrucciones sobre las operaciones de carga y descarga del material reglamentado?
4. Si el atraque del buque, por sus características, se retrasase unas horas respecto al horario previsto, ¿podrán utilizarse carretillas retráctiles para transportar el material reglamentado desde el depósito donde se hubiese almacenado hasta el buque para su carga cuando este haya atracado?

SOLUCIÓN

1. No puede llevarse a cabo la descarga del material explosivo en el momento en que la carga llega al puerto a las 20:00 h, si el buque que lo va a transportar no hubiese atracado debidamente y estuviera listo para el inicio de las operaciones de estiba (carga).
2. En general, las operaciones de descarga de los vehículos de transporte por carretera no pueden comenzar si el buque no está aún atracado para recibirlas, con independencia de la hora a la que este hecho se produzca.
3. El práctico del puerto no tiene competencia alguna para impartir instrucciones sobre las operaciones de carga y descarga del material reglamentado. Solo podrán impartir instrucciones al respecto, y será obligatorio seguirlas, el capitán marítimo y el director del puerto.
4. Las materias reglamentadas no podrán ser transportadas por carretillas retráctiles desde ningún almacén o depósito sencillamente porque no habrán podido ser llevadas a tales lugares. Está prohibido depositar el material reglamentado sobre el muelle, tinglado o en almacenes debiendo ser trasladado directamente desde el vehículo que lo ha transportado al puerto, al buque que lo llevará a otro puerto. Si el buque se ha retrasado en las operaciones de atraque en el puerto, el material reglamentado deberá permanecer en todo momento, debidamente custodiado, en los vehículos en los que se encuentre hasta su descarga para la carga en el buque.

Transporte fluvial y en embalses

Este tipo de transporte de materias reglamentadas se regirá por lo dispuesto en el Reglamento de Explosivos y en lo que le sea de aplicación, por las normas reguladoras del transporte marítimo y por la legislación hidráulica.

La **competencia** de las materias reguladas por el presente capítulo corresponderá a los organismos de cuenca competentes, que regularán la navegación fluvial y los embalses.

 Importante

Los organismos de cuenca son entidades de derecho público con personalidad jurídica propia y distinta del Estado, adscritas a efectos administrativos al Ministerio de Agricultura, Alimentación y Medio Ambiente, a través de la Dirección General del Agua, como organismo autónomo con plena autonomía funcional. Reciben también el nombre de "confederaciones hidrográficas".

Ejercen una labor fundamental en materia de planificación hidrológica, gestión de recursos y aprovechamientos, protección del dominio público hidráulico, concesiones de derechos de uso privativo del agua, control de calidad del agua, proyecto y ejecución de nuevas infraestructuras hidráulicas, programas de seguridad de presas y bancos de datos.

Corresponde, pues, a los organismos de cuenca, previo informe de la Intervención Central de Armas y Explosivos de la Guardia Civil, el otorgamiento de las autorizaciones de navegación y para el establecimiento de embarcaderos necesarios para el ejercicio de dicha actividad.

La **autorización de navegación** referida se extiende a las operaciones de carga y descarga, operaciones que deberán ajustarse a las normas generales vigentes al respecto y a las condiciones específicas que se establezcan en dicha autorización.

La **carga y descarga** de las materias reglamentadas solamente podrán realizarse desde los correspondientes embarcaderos hasta la embarcación y viceversa.

La **vigilancia** del transporte fluvial de explosivos se atendrá a lo dispuesto en la Instrucción Técnica Complementaria número 1.

Transporte aéreo

El transporte aéreo de las materias reglamentadas se atendrá, con carácter general, a lo establecido en el Reglamento para el Transporte Sin Riesgo de Mercancías Peligrosas por Vía Aérea (IATA). Se aplicarán también, en lo pertinente, la Ley y el Reglamento de Seguridad Privada.

El **control del transporte** de las sustancias reglamentadas, dentro de la zona de su jurisdicción corresponderá a los directores de aeropuerto. Ellos serán los responsables de las actividades relacionadas con las materias reglamentadas, en tanto se encuentren dentro de los límites del aeropuerto, pudiendo realizar, en cualquier momento, cuantas inspecciones estimen convenientes. Sin embargo, el comandante de la aeronave será el responsable de tales materias reglamentadas siempre que se hubiera hecho cargo de la aeronave para emprender el vuelo, y hasta que, finalizado el mismo, hubiera hecho entrega de la carga.

En cuanto a la **documentación** precisa, al efectuar la entrada en el aeropuerto, el responsable del transporte presentará la Guía de Circulación y la Autorización de Embarque de las mercancías al director del aeropuerto, el cual, previas las comprobaciones que ordene llevar a efecto, confirmará, en su caso, la autorización, estableciendo, si hubiere lugar a ello, las prescripciones adicionales que sean necesarias.

En cuanto al **desarrollo del transporte** de explosivos por vía aérea, siempre que la aeronave estuviese en situación de tránsito y hubiese aterrizado para reparar averías o abastecerse de combustible, habrá de estacionarse en la zona específicamente prevista al respecto.

Existen normas concretas también para regular las **condiciones de los aeropuertos** donde habitualmente se carguen o descarguen materias reglamentadas. Deberán contar con una zona reservada al efecto, convenientemente delimitada, señalizada y aislada del resto de las instalaciones, de las que quedará separada por una distancia de seguridad que será determinada por la autoridad competente, según las características de cada aeropuerto. La zona especial en cuestión estará provista de los equipos de detección y de extinción de incendios que determine la autoridad competente, con el fin de prevenir y, en su caso, poder hacer frente a cualquier incendio que se produzca.

En aquellos aeropuertos donde no exista una zona reservada, se habilitará un lugar en el que se puedan realizar las operaciones de carga y descarga, siempre que esté dotado de las medidas de seguridad de las zonas reservadas.

En cuanto a las **operaciones específicas de carga y descarga** de las materias reglamentadas, hay que precisar que los vehículos que las transporten para su embarque se aproximarán, siempre que sea posible, hasta un punto desde el que pueda efectuarse el trasbordo directo de las mismas al avión, siguiéndose el mismo sistema para el desembarco de las mercancías.

Una vez que el material reglamentado esté cargado en el avión, la aeronave deberá partir de manera inmediata, salvo que se la autorice a permanecer en el aeropuerto por concurrir una causa de fuerza mayor u otras circunstancias que así lo aconsejasen.

El transporte de mercancías por vía aérea podrá realizarse por **otras aeronaves** tales como los helicópteros, que solo podrán despegar o aterrizar en aquellos aeropuertos o helipuertos que estén autorizados para efectuar operaciones de carga o descarga y otras manipulaciones que fueran necesarias.

 Importante

Los aviones y helicópteros solo podrán permanecer en el aeropuerto, cargados con material explosivo, cartuchería o artículos pirotécnicos, cuando se den circunstancias de fuerza mayor.

 Actividades

17. ¿En qué lugares podrá realizarse la carga y descarga de las materias reglamentadas cuyo transporte se realice por vía fluvial?

Continúa en página siguiente >>

<< Viene de página anterior

18. ¿Qué documentación deberá presentar el responsable del transporte al efectuar la entrada del material reglamentado en el aeropuerto?

---

7. Resumen

Los explosivos son sustancias químicas con un cierto grado de inestabilidad en los enlaces atómicos de sus moléculas que, ante determinadas circunstancias o impulsos externos, propician una reacción rápida de disociación y nuevo reagrupamiento de los átomos en formas más estables. Esta transformación de energía permite distinguir tres fenómenos: la combustión, la deflagración y la detonación. Las características básicas de un explosivo son: la potencia explosiva, el poder rompedor, la velocidad de detonación, la densidad del encartuchado, la resistencia al agua, la calidad de humos, la sensibilidad y la estabilidad química.

Para su almacenamiento y transporte, los explosivos (también la cartuchería y los artificios pirotécnicos) deberán estar asignados a uno de los grupos de compatibilidad regulados en la ITC número 16.

Los explosivos industriales son una categoría específica de explosivos y están constituidos por una mezcla de sustancias, combustibles y comburentes, que, debidamente iniciados, dan lugar a una reacción química cuya característica fundamental es su rapidez. Entre ellos, están la dinamita, ANFO, hidrogeles, emulsiones y explosivos de seguridad. La pólvora negra no es propiamente un explosivo ya que no llega a detonar nunca, sino que produce tan solo una deflagración.

Los iniciadores son explosivos de muy alta sensibilidad que precisan de una escasa cantidad de energía para activarse. Son accesorios iniciadores: las mechas lentas, cordones detonantes, detonadores de mechas, detonadores eléctricos, relés para cordón detonante y los pistones o cebos para cartuchería.

Las explosiones producen, en general, tres tipos de ondas: de detonación, de presión (también llamada onda de choque) y sonora.

La destrucción de los explosivos puede realizarse mediante tres métodos: por combustión, por detonación y por disolución.

El almacenamiento de los explosivos se realizará en los depósitos autorizados por el órgano o autoridad administrativa competente y deberán estar señalizados oportunamente. Es esencial observar las medidas de seguridad, generales y específicas según el medio utilizado, para la manipulación, carga y descarga, y transporte de las materias reglamentadas.

Ejercicios de repaso y autoevaluación

1. Señale si la siguiente afirmación es verdadera o falsa: "Según el artículo 10 del Reglamento de Explosivos, son materias explosivas las materias sólidas y líquidas que, por una reacción química, puedan emitir gases a temperatura, presión y velocidad tales que puedan originar efectos físicos que afecten a su entorno".

☐ Verdadero
☐ Falso

2. Considerando la velocidad de reacción de un explosivo, concrete a qué definición corresponden los términos detonación, deflagración y combustión:

a. Reacción química de oxidación que desprende una gran cantidad de energía a una velocidad inferior a 1 m/s, que es visible en forma de llama (_____).

b. Reacción química en la que la velocidad del explosivo es menor de 1.500 m/s (_____).

c. Reacción química prácticamente instantánea que da lugar a una combustión supersónica que genera, además, una onda de choque (_____).

3. ¿Cuáles son características básicas de un explosivo?

a. Resistencia al agua
b. Poder rompedor
c. Calidad del aire
d. Reacción química
e. Sensitividad
f. Estabilidad química
g. Sensibilidad del encartuchado

4. **Según los criterios considerados en la columna de la izquierda, clasifique los tipos de explosivos mencionados en la columna derecha:**

    a. Según la velocidad de reacción
    b. Según naturaleza química
    c. Según su composición
    d. Según su estado físico

    __ Pulverulentos
    __ Materias explosivas
    __ Propulsores
    __ Organometálicos

5. **El ANFO es...**

    a. ... un tipo de explosivo de alta potencia y baja densidad.
    b. ... un tipo de explosivo que incorpora a su composición una sustancia gelificante.
    c. ... un tipo de explosivo que surgió ante la necesidad de aumentar la seguridad, reduciendo el contenido de nitroglicerina.
    d. ... un explosivo compuesto básicamente por nitrato amónico o sódico, agua y gasoil.

6. Localice en la sopa de letras los siguientes términos: mecha, pistón, detonador, relé. Encuentre también el término que define su naturaleza: explosivos o accesorios.

E	R	L	E	U	S	M	O	L	P	L	J
L	N	Y	T	W	O	A	I	V	I	H	T
S	I	M	D	A	F	H	O	U	S	A	S
F	N	I	R	O	D	A	N	O	T	E	D
T	R	E	N	D	Y	T	I	V	O	N	J
J	U	A	E	L	E	R	T	A	N	T	R
A	L	A	L	D	O	R	M	L	J	Y	Y
D	N	U	M	S	N	H	U	L	N	A	I
J	R	V	E	F	O	R	I	N	V	S	N
A	O	C	C	A	A	M	I	H	L	S	N
S	C	S	H	L	T	U	T	R	U	P	L
A	Y	M	A	T	S	L	S	M	S	U	S

7. ¿Qué nombre reciben cada uno de los mecanismos de destrucción de explosivos a los que se hace referencia a continuación?

   a. Exige la inmersión del explosivo en agua o en otro líquido adecuado (destrucción por _____).
   b. Es el método más simple, rápido y seguro, y el más aconsejable para la destrucción de explosivos deteriorados (destrucción por _____).
   c. Es conocido también como "quema" o "incineración" (destrucción por _____).

8. Complete el siguiente texto utilizando, donde proceda, alguno de los siguientes términos: seguridad, salidas, detonante, microrretardo, industriales, nunca, accesorios, coincidir y entradas.

Los detonadores, relés de _____, encendedores de _____ para mechas o iniciadores de explosivos _____ podrán transportarse conjuntamente con los explosivos y su transporte se realizará en las mismas condiciones que las de estos últimos. El cordón _____ se considerará, a estos efectos, incluido dentro de los explosivos _____. El transporte de los explosivos y sus _____, dentro de las obras y explotaciones, así como por pozos y galerías, no podrá _____con las _____ y _____ de los relevos principales.

9. Señale si la siguiente afirmación es verdadera o falsa: "Un vehículo que transporta artificios de pirotecnia destinados a su uso en un espectáculo puede, en determinadas circunstancias, ser considerado un depósito o almacenamiento especial".

☐ Verdadero
☐ Falso

10. En el transporte por carretera de explosivos, los lugares de parada se escogerán en áreas que estén, respecto a los núcleos de población, a una distancia mínima de:

a. 100 m
b. 500 m
c. 250 m
d. 1.500 m

Glosario

Administrador de la infraestructura
Cualquier entidad responsable de la explotación, mantenimiento y, en su caso, construcción de las infraestructuras ferroviarias y de la gestión de los sistemas de regulación y seguridad del tráfico.

ADR
Acuerdo Europeo sobre Transporte Internacional de Mercancías Peligrosas por Carretera, celebrado en Ginebra el 30 de septiembre de 1957, en su versión enmendada.

Artículo pirotécnico destinado al uso en teatros
Artículo pirotécnico diseñado para su utilización en escenarios al aire libre o bajo techo, incluyendo las producciones de cine y televisión, o para usos similares.

Artículo pirotécnico para vehículos
Componentes de dispositivos de seguridad de un vehículo que contengan materias pirotécnicas utilizadas para la activación de este u otro tipo de dispositivos.

Artículo pirotécnico
Todo artículo que contenga materia reglamentada destinada a producir un efecto calorífico, luminoso, sonoro, gaseoso o fumígeno o una combinación de tales efectos, como consecuencia de reacciones químicas exotérmicas autosostenidas.

Artificio de pirotecnia
Artículo pirotécnico con fines recreativos o de entretenimiento.

Baqueta
Vara delgada y ancha en un extremo, que se introduce por el cañón de un arma de fuego para limpiarlo o, antiguamente, para compactar la pólvora, taco y proyectil antes del disparo.

Cargador-descargador
La persona física o jurídica que efectúa o bajo cuya responsabilidad se realizan las operaciones de carga y descarga de la mercancía.

Cartuchería
Todo tipo de cartuchos dotados de vaina con pistón, fuego anular y cargados de pólvora, lleven o no proyectiles incorporados. Los pistones y vainas con pistón, independientemente de que estas se

encuentren vacías o a media carga, tendrán la misma consideración, a efectos de este reglamento, que el tipo de cartucho que pueda fabricarse con ellos.

CCTV

Circuito cerrado de televisión. Se define genéricamente como un sistema autónomo de transmisión que solo puede ser captado por uno o más monitores en un lugar determinado.

Control de acceso

Restringe el paso de vehículos, mercancías y personas, tanto a la entrada como a la salida por una serie de puntos concretos en concordancia con unos criterios de selección establecidos mediante procedimiento.

Coordinador de seguridad

Mando intermedio que sirve de nexo y enlace entre el departamento de seguridad y el personal operativo.

Cordón detonante

Es utilizado como iniciador. Consta de un núcleo de alto explosivo: pentrita (PETN), protegido por papel, capas de hilo y PVC para garantizar su impermeabilidad.

COTIF

Convenio relativo a los transportes internacionales por ferrocarril, hecho en Berna, el 9 de mayo de 1980.

Destinatario

La persona natural o jurídica a la que se envía la mercancía.

Detectores volumétricos

Dispositivo electrónico capaz de descubrir volúmenes en movimiento.

Detonador

Elemento que provoca la propagación de la reacción explosiva. Puede ser eléctrico o electrónico.

Elemento, producto o servicio acreditado, certificado o verificado

Aquel que lo ha sido por una entidad independiente, constituida a tal fin y reconocida por cualquier Estado miembro de la Unión Europea.

Elemento, producto o servicio homologado

Aquel que reúne las especificaciones técnicas o criterios que recoge una norma técnica al efecto.

Empresa ferroviaria

Cualquier empresa privada o pública cuyo objeto principal consista en prestar servicios de transporte de mercancías y/o viajeros por ferrocarril, debiendo ser dicha empresa en todo caso quien aporte la tracción.

Encasquillar

Atascarse un arma de fuego con el casquillo.

Esclusa

Elemento de paso entre dos posiciones, compuesto de dos puertas que facilitan, abriéndose de modo sucesivo, el acceso al interior de una concreta área o recinto.

Expedidor

La persona física o jurídica por cuya orden y cuenta se realiza el envío de la mercancía peligrosa, para el cual se realiza el transporte, figurando como tal en la carta de porte.

Explosivo

Es cualquier objeto o sustancia química sólida, líquida o en mezcla, que en forma instantánea libera gases y calor a presión y en gran cantidad. Esta reacción puede ser violenta y generalmente la inicia un elemento llamado detonador.

Fulminante

Materia capaz de hacer estallar cargas explosivas.

Habilitación

Documento oficial que sirve para un ejercicio amparado por el derecho administrativo.

Ignición

Proceso de encendido de una sustancia combustible. Se produce cuando la temperatura de una sustancia se eleva hasta el punto en que sus moléculas reaccionan espontáneamente con el oxígeno y la sustancia empieza a arder.

Ilegítima

Acción prohibida por la ley.

Indicio

Fenómeno que permite conocer o inferir la existencia de otro no percibido.

Intervención

Acción de participar en algo.

Inviolabilidad

Cosa o persona que no se debe transgredir, o bien reúne unos requisitos de protección jurídica.

Materia reglamentada en la cartuchería

Materia propulsante contenida en el cartucho y materia explosiva que se encuentra contenida en el sistema de iniciación o pistón.

Materia reglamentada en la pirotecnia

Materias explosivas o mezclas explosivas de materias que forman parte de los artículos pirotécnicos y que tienen efecto detonante o pirotécnico. Sin perjuicio de lo anterior, la pólvora negra utilizada por un taller de pirotecnia para la fabricación de artículos pirotécnicos será considerada materia reglamentada. La pólvora negra que se vaya a introducir en el mercado y/o comercializar estará sujeta a las disposiciones del Reglamento de Explosivos.

Mecha lenta

Es el accesorio encargado de transmitir una llama o fuego a una velocidad conocida y constante hasta un detonador sensible a la llama, el cual explota en contacto con el fuego. Consta de un núcleo de pólvora negra muy fina, rodeado de papel, varias capas de hilo, brea y cloruro de polivinilo (PVC) para garantizar la impermeabilidad.

Medidas de seguridad privada

Todas aquellas disposiciones adoptadas para el cumplimiento de los fines de prevención o protección pretendidos.

Mercancías peligrosas

Aquellas materias y objetos cuyo transporte por ferrocarril está prohibido o autorizado exclusivamente bajo las condiciones establecidas en el RID o en la normativa específica reguladora del transporte de mercancías peligrosas.

Norma técnica UNE

Especificación técnica de aplicación repetitiva o continuada cuya observancia no es obligatoria, que se establece con participación de todas las partes interesadas y es aprobada por un organismo que es internacionalmente reconocido por su actividad normativa.

Onda

Es una perturbación que se propaga a través de la materia, existen ondas capaces de propagarse en el espacio que son las ondas electromagnéticas.

Operaciones de transporte

Las actividades de carga, descarga de las mercancías en los vehículos y la transferencia entre modos de transporte, así como las paradas y estacionamientos que se realicen por las circunstancias del transporte.

Operador

La persona física o jurídica, o la unidad orgánica funcional de la red ferroviaria, que gestiona y coordina el conjunto de operaciones previas a la puesta en circulación de un vagón, contenedor o un tren posteriores a su entrega.

Pauta

Una norma escrita o no escrita en la que uno desarrolla un comportamiento, una conducta, una acción o una tarea.

Preámbulo

Es aquello que se dice en el principio de una ley, por ejemplo, con la voluntad de explicar el por qué, los motivos y los objetivos de esta.

Propulsor

Sustancia que por lo general se somete a presión para generar gases calientes o efectos cohete.

Puerta acorazada

Es la que está fabricada en acero tanto la hoja como el cerco, y tiene esta consideración según la Norma UNE 1627:2011, sirviendo a cerrar el hueco de acceso a bóvedas acorazadas y otros recintos protegidos.

Puerta blindada

La que sirve de elemento de protección frente a la intrusión y que carece de función estructural para la edificación.

Rango

Nivel, situación o categoría de una ley, de una cosa o de una persona en una situación profesional.

Reacción

Es el resultado de la interacción entre dos sustancias, puras o no, donde se produce una nueva sustancia o compuesto.

Reforma

Modificar algo o hacerlo de nuevo con una intención de que sea mejor que lo anterior.

RID

Reglamento relativo al transporte internacional de mercancías peligrosas por ferrocarril anejo al COTIF, con sus modificaciones.

Suministrador de los medios de porte

La persona física o jurídica que suministra los contenedores, contenedores-cisterna, vagones, vagones-cisterna, remolques o semirremolques, sean suyos o de terceros.

Telemático

Es la aplicación de diversas formas técnicas de la telecomunicación y de la informática con el fin de transmitir una información computarizada.

Transporte por carretera

El realizado en vehículos automóviles, que circulen sin camino de rodadura fijo, por toda clase de vías terrestres urbanas o interurbanas, de carácter público, y asimismo de carácter privado, cuando el transporte que en los mismos se realice sea público.

Transporte por ferrocarril

Toda operación de cambio de lugar en recorridos realizados por ferrocarril realizada total o parcialmente en el territorio nacional, incluidas las actividades de carga y descarga de las mercancías peligrosas, así como el cambio de un modo de transporte a otro y las paradas necesarias por las condiciones de transporte. No se incluyen los transportes efectuados íntegramente dentro del perímetro de una empresa.

Transportista

La persona física o jurídica que asume la obligación de realizar el transporte, contando a tal fin con su propia organización empresarial.

Vehículo

Medio de transporte dotado de motor, destinado a ser utilizado en carretera, esté completo o incompleto, que tenga por lo menos cuatro ruedas y alcance una velocidad máxima de diseño superior a 25 km/h, así como cualquier remolque o semirremolque cuando transporten mercancías peligrosas, con excepción de los vehículos que circulen sobre raíles, la maquinaria móvil y los tractores forestales y agrícolas que no alcancen una velocidad de diseño superior a 40 km/h.

Bibliografía

Monografías

▌ BERNAOLA Alonso, J., CASTILLA Gómez, J. y HERRERA Herbert, J.: *Perforación y voladura de rocas en minería. Madrid: Departamento de Explotación de Recursos Minerales y Obras Subterráneas.* Laboratorio de Tecnologías Mineras. Escuela Técnica Superior de Ingenieros de Minas. Universidad Politécnica de Madrid, 2013.

> Manual en el que se trata ampliamente el campo de las voladuras con explosivos, analizando las características y propiedades de estos últimos, los accesorios para las voladuras y las normas de seguridad en la manipulación y destrucción de los explosivos.

▌ MUÑOZ Conde, F.: *Derecho Penal. Parte Especial.* Madrid: Tirant Lo Blanch, 2015.

> Libro en el que se realiza una revisión de la parte especial del derecho penal, actualizada de acuerdo a las Leyes 1/2015 y 2/2015 de 30 de marzo.

▌ MÉNDEZ Pérez, J. M.: *Medios de protección y armamento.* Antequera: IC Editorial, 2023.

> Obra en la que se detalla el funcionamiento de la central de alarmas, los principales medios de protección, las técnicas y medios utilizados para realizar el control de accesos y se explican los aspectos a tener en cuenta en el manejo del armamento reglamentario.

▌ ZANOBINI, G.: *Corso di Diritto Amministrativo. Volume quinto. Le principali Manifestazioni dell'azione amministrativa.* Milán: Giuffré Editore, 1950.

> Obra de la que se extrae el concepto de derecho administrativo tal y como es entendido por Guido Zanobini, jurista italiano nacido en 1890.

Legislación y normativa

▎Ley 5/2014, de 4 de abril, de Seguridad Privada.

▎Real Decreto 989/2015, de 30 de octubre, por el que aprueba el Reglamento de artículos pirotécnicos y cartuchería.

▎Real Decreto 976/2011, de 8 de julio, por el que se modifica el Reglamento de Armas.

▎Real Decreto 2364/1994, de 9 de diciembre, por el que se aprueba el Reglamento de Seguridad Privada.

▎Real Decreto 137/1993 de 29 de enero, por el que se aprueba el Reglamento de Armas.

▎Real Decreto 863/1985, de 2 de abril, por el que se aprueba el Reglamento General de Normas Básicas de Seguridad Minera.

▎Resolución de 28 de febrero de 1996, de la Secretaría de Estado de Interior, por la que se aprueban las instrucciones para la realización de los ejercicios de tiro del personal de seguridad privada.

▎Orden de 14 de enero de 1999, por la que se aprueban los modelos de informes de aptitud psicofísica necesaria para tener y usar armas y para prestar servicios de seguridad privada.

Textos electrónicos y páginas web

▎Armas, periódico líder mundial sobre armas en español, de: <http://www.armas.es>.

Página web que permite mantenerse informado acerca de las últimas novedades en materia de armamento, y en la que también se recoge información sobre diferentes tipos de armas.

Centro Superior de Estudios de la Defensa Nacional, de: <https://publicaciones.defensa.gob.es>.

Artículo en el que se realiza un análisis de las medidas de seguridad a adoptar en la manipulación de artefactos explosivos.

Comisaría General de Seguridad Ciudadana. Normativa. Cuerpo Nacional de Policía, de: <http://www.policia.es>.

Portal web en el que se pueden consultar artículos y legislación relacionada con la seguridad ciudadana.

Naciones Unidas. Recomendaciones relativas al transporte de mercancías peligrosas, de: <http://www.unece.org>.

Publicación en la que se realizan una serie de recomendaciones relativas al Transporte de Mercancías Peligrosas.

SCENIHR. *Health effects of security scanners for passenger screening* (based on X-ray technology), de: <http://ec.europa.eu>.

Página web en la que se publican artículos relacionados con el mundo de la salud a nivel europeo. En este artículo se analizan los efectos sobre la salud de los escáneres de seguridad.